essentials

essentials liefern aktuelles Wissen in konzentrierter Form. Die Essenz dessen, worauf es als „State-of-the-Art" in der gegenwärtigen Fachdiskussion oder in der Praxis ankommt. *essentials* informieren schnell, unkompliziert und verständlich

- als Einführung in ein aktuelles Thema aus Ihrem Fachgebiet
- als Einstieg in ein für Sie noch unbekanntes Themenfeld
- als Einblick, um zum Thema mitreden zu können

Die Bücher in elektronischer und gedruckter Form bringen das Expertenwissen von Springer-Fachautoren kompakt zur Darstellung. Sie sind besonders für die Nutzung als eBook auf Tablet-PCs, eBook-Readern und Smartphones geeignet. *essentials*: Wissensbausteine aus den Wirtschafts, Sozial- und Geisteswissenschaften, aus Technik und Naturwissenschaften sowie aus Medizin, Psychologie und Gesundheitsberufen. Von renommierten Autoren aller Springer-Verlagsmarken.

Weitere Bände in dieser Reihe http://www.springer.com/series/13088

Rolf Reppert

Effiziente Terminplanung von Bauprojekten

Schnelleinstieg für Architekten und Bauingenieure

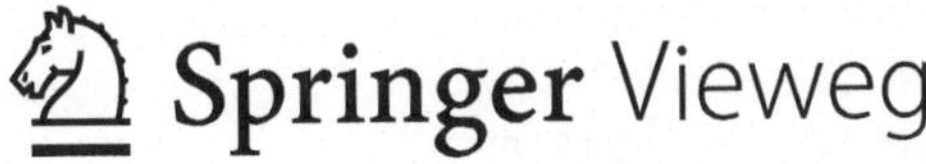

Rolf Reppert
Berlin, Deutschland

ISSN 2197-6708   ISSN 2197-6716 (electronic)
essentials
ISBN 978-3-658-13489-1   ISBN 978-3-658-13490-7 (eBook)
DOI 10.1007/978-3-658-13490-7

Die Deutsche Nationalbibliothek verzeichnet diese Publikation in der Deutschen National-
bibliografie; detaillierte bibliografische Daten sind im Internet über http://dnb.d-nb.de abrufbar.

Springer Vieweg

Vorwort

Dieses Buch ist als Leitfaden für den Einsteiger gedacht. Es soll dem Leser vermitteln, wie man in der Terminplanung schnell zu einem Ergebnis kommt. Die Erfahrung zeigt, dass es Berührungsängste mit der EDV-gestützten Terminplanung gibt. Das muss nicht sein. Schließlich wird in der Terminplanung meist nur mit ganzen Zahlen gerechnet. Die Terminplanung ist kein Zauberwerk und mit einer schrittweisen Herangehensweise ohne zu viel Theorie kann jeder schnell und effektiv einen Terminplan aufstellen.

Fast seine gesamte Karriere hat der Autor in der Terminplanung gearbeitet und konnte viel Erfahrung bei großen Bauprojekten (wie z. B. dem SONY-Center am Potsdamer Platz und dem Neubau der US-Botschaft am Pariser Platz in Berlin) und Projekten in der Bahn- und der Energietechnik sammeln. Er möchte seine Erfahrung weitergeben und hofft, dem Leser einen wertvollen Ratgeber für den Einstieg in die Terminplanung und das Arbeiten mit einem Terminplan an die Hand zu geben.

Es wird dabei nicht die Funktionsweise einer Software erläutert, sondern dem Anwender Hilfestellung zur effektiven Terminplanung gegeben. Die Beispiele im Buch sind zwar mit der Software MS Project vorgestellt, die Vorgehensweisen gelten auch für alle anderen Terminplanungsprogramme.

Rolf Reppert

Was Sie in diesem *essential* finden können

- Die Grundlagen der Terminplanung übersichtlich erläutert
- Darstellung aller Elemente einer effektiven Terminkontrolle
- Weiterführende Anwendungsmöglichkeiten der Terminplanung

Inhaltsverzeichnis

Abbildungsverzeichnis

Unsere heutige Arbeitswelt ist geprägt von einer sehr starken Arbeitsteilung. In den seltensten Fällen erstellt ein Einzelner aus einem Rohstoff durch sein Geschick und Können ein fertiges Produkt. Ein Beispiel dafür ist der Musikinstrumentenbauer. Ein Geigenbauer stellt aus Holz ohne Arbeitsteilung eine Geige her. Er muss in seinen Herstellungsprozess keine Zuarbeit einplanen. Wenn ihm das nötige Werkzeug und Material zur Verfügung steht, kann er sein Werk ohne fremde Hilfe vollenden. Die Baubranche ist das Gegenbeispiel: Dort ist für jeden ersichtlich, dass verschiedene Gewerke Hand in Hand arbeiten müssen, um ein Haus zu errichten.

In den 50er Jahren des vergangenen Jahrhunderts wurden die Projekte immer komplexer und zur Terminplanung solcher umfangreicher Projekte wurde die Netzplantechnik entwickelt. Mithilfe der Netzplantechnik wurde es möglich, komplexe Terminabläufe zu planen. Heutzutage gibt es die Möglichkeit, durch die Anwendung der Netzplantechnik in geeigneten Softwareprogrammen komplexe Terminabläufe zu steuern. Mittlerweile ist ein Terminplanungsprogramm auf dem Computer keine Seltenheit mehr und viele sind schon einmal mit einem solchen Programm in Berührung gekommen.

Wer heute in Projekten arbeitet, kommt um die Terminplanung nicht mehr herum. In den meisten Firmen ist das Anwenden einer Terminplanungssoftware im Projekt vorgeschrieben. Auch wenn es keine Pflicht wäre, sollte heute niemand auf eine EDV-gestützte Terminplanung verzichten, da die Abläufe in den Projekten sehr komplex geworden sind. Der immer schärfere Wettbewerb lässt kein Verschieben von Terminen zu. Wer zu spät liefert, hat das Nachsehen. Die Terminplanung ist also ein wichtiges Instrument, um den Erfolg im Projekt zu sichern.

© Springer Fachmedien Wiesbaden 2016   1
R. Reppert, *Effiziente Terminplanung von Bauprojekten*, essentials,
DOI 10.1007/978-3-658-13490-7_1

Dieses Buch konzentriert sich auf die Terminplanung und die Terminkontrolle. Es lässt die Ressourcenplanung – also das Zuordnen von Personen, Kosten oder Material einzelnen Vorgängen im Terminplan – außen vor. Das ist einerseits darin begründet, dass die Ressourcenplanung sehr aufwendig ist und den Rahmen dieses Buches sprengen würde, und andererseits ist es dem Umstand geschuldet, dass die Projektorganisation selten den Zugriff auf Ressourcen gestattet, sondern meist Leistungspakete nach außen vergeben werden und dadurch der Projektmanager keinen Zugriff auf Ressourcen hat. Die Ressourcenplanung bleibt dann den Fachabteilungen (der Linienorganisation) oder Nachunternehmern überlassen.

Terminplanung 2

Der Terminplan ist ein Arbeitsmittel. Er soll bei der täglichen Arbeit unterstützen und nicht Selbstzweck sein. Je zeitiger der Terminplan aufgestellt ist, umso früher profitiert man von ihm. In der Projektlaufzeit werden sicher noch Anpassungen vorzunehmen sein. Im EDV-gestützten Arbeiten ist es jedoch kein Problem, nachträglich Änderungen und Ergänzungen vorzunehmen.

2.1 Struktur

Die Struktur des Terminplanes ist zu Beginn festzulegen. Erst dann ist mit der eigentlichen Terminplanung zu beginnen. Es ist davon abzuraten, einfach mit dem Eingeben von Vorgängen in eine Terminplanungssoftware – wie eine Art Brainstorming – zu starten. Eine Terminplanungssoftware ist auch kein Hilfsmittel zum Aufstellen eines Projektstrukturplanes. In einem komplexen Projekt ist es ohnehin nötig, einen Projektstrukturplan zu erarbeiten, weil daraus die Gesamtheit des Projektes ersichtlich wird. Durch das Zerlegen in kleinere Einheiten wird das Projekt überschaubarer und leichter handhabbar. Liegt ein Projektstrukturplan vor, dann ist dieser die Grundlage für die Strukturierung des Terminplanes.

Die Software MS Project beispielsweise definiert durch die Sammelvorgänge die Struktur oder Gliederungsebenen. Eine Änderung der Struktur nach dem Aufstellen des Terminplanes bedeutet einen Aufwand, der einer Neuplanung gleichkommt. Deswegen muss zu Beginn die Entscheidung über die Strukturierung des Terminplanes fallen, um unnötigen Arbeitsaufwand zu vermeiden. Ein Gegenbeispiel wäre die Software Primavera: Mit ihr ist man nicht festgelegt und kann jederzeit die Struktur ändern, sofern eine entsprechende Codierung vorhanden ist.

© Springer Fachmedien Wiesbaden 2016
R. Reppert, *Effiziente Terminplanung von Bauprojekten*, essentials,
DOI 10.1007/978-3-658-13490-7_2

Wenn das Projektmanagement noch keinen Projektstrukturplan erarbeitet hat, dann muss der Terminplaner selbst eine sinnvolle Struktur für seinen Terminplan definieren. Dazu muss sich der Terminplaner ein detailliertes Bild vom Projekt machen.

In der Baubranche ist es offensichtlich, wie ein Projekt zu strukturieren ist. Wenn das Ziel eines Projektes das Bauen eines Gebäudes ist, dann kann sich der Terminplaner an der räumlichen Struktur des Gebäudes orientieren: die Stockwerke, vertikale Bauteile – wie z. B. Schächte und Treppen – eine Gebäudehülle – Fassade und Dach – und auch angrenzende Flächen, die Außenanlagen – Garten, Wege, Zufahrten usw. geben bereits eine Struktur vor.

Bei komplexeren Bauvorhaben kann sich das Bauprojekt in Gebäudeteile gliedern. Es ist denkbar, dass das Bauvorhaben verschiedene Gebäude enthält oder dass das Gebäude durch Sonderbereiche, wie z. B. Atrium, Veranstaltungssaal, Kantine, Garage etc., gegliedert ist.

Das Gebäude als Ganzes kann vertikal ausgerichtet sein, z. B. ein Hochhaus, oder horizontal, z. B. Reihenhäuser oder ein Wohnblock. Industriebauten haben ihre eigene Struktur, genauso wie z. B. Krankenhäuser oder Supermärkte und Kaufhäuser.

An einem Bauprojekt sind sehr viele verschiedene Planer und Ausführende beteiligt. Bei den Planern gibt es Architekten, Statiker und Sonderfachleute, wie z. B. den Brandschutzfachmann oder Fassadenplaner. In der Ausführung sind die bekannten Gewerke, wie Maurer, Maler, Zimmermann, Fliesenleger, Schlosser, Dachdecker usw. bis zum Aufzugsbauer, Fassadenbauer und Haustechniker vertreten. Es kann auch sein, dass viele Gewerke bei einem Generalunternehmer (GU) zusammengefasst sind. Das heißt dann aber nicht, dass die einzelnen Gewerke nicht ausgeführt werden und deshalb sollte man sie auch planen, sonst hat man keinen weiteren Einblick in die Bauabläufe des GU. Der GU stellt zwar einen eigenen Terminplan auf aber bis dieser zur Verfügung steht, sind sinnvolle Annahmen zu treffen.

Sehen wir uns auch andere Branchen als den Bau an: Im Maschinen- oder Fahrzeugbau sind die Projekte weniger in Gewerke als in Komponenten strukturiert. Ein Fahrzeug besteht aus Federn, Achsen, Räder, Getriebe, Motoren und vielem mehr. Die Komponenten stellt der jeweilige Zulieferer her und liefert sie in die Fabrik und dort entsteht dann das Fahrzeug oder die Maschine.

Es ist nicht leicht, aus der Fülle der Möglichkeiten eine sinnvolle Struktur zu entwickeln. Zumal am Anfang eines Projektes nicht immer klar ist, was die Projektabwicklung am besten unterstützen würde. Es ist einerseits sinnvoll, als oberste Gliederungsebene die Projektphasen zu wählen, weil eine Phase eine zeitliche Einteilung ist. Andererseits hat die Praxis gezeigt, dass durchaus Komponenten oder Gewerke als oberste Gliederungsebene Sinn machen.

Es ist sehr wohl möglich, ein Projekt auf die eine oder andere Art und Weise zu strukturieren und keine der gewählten Varianten muss besser oder schlechter sein. Dazu folgendes Beispiel: In einer Übungsaufgabe war ein Projekt nach den Projektmanagementmethoden zu bearbeiten. Das Projektteam bestand aus Mitgliedern aus verschiedenen Branchen. Als Thema wählten sie ein Bauprojekt. Es hätte von Anfang an klar sein können, dass das Projekt nach den Phasen der Honorarordnung für Architekten und Ingenieure (HOAI) zu strukturieren sei. Das Projektteam entschied sich jedoch gegen die Strukturierung nach Leistungsphasen und wählte eine andere Struktur für das Projekt. In der weiteren Bearbeitung der Übungsaufgabe zeigte sich, dass es trotzdem funktionierte. Die gewonnen Erkenntnis war, dass es immer mehrere Lösungswege gibt.

2.1.1 Projektphasen

Ein Projekt ist definiert durch einen Anfang und ein Ende. Innerhalb dieses Rahmens ist eine grobe Zeiteinteilung zu definieren, die Projektphasen. Wir schneiden gewissermaßen das Projekt in Scheiben. Wenn der Inhalt eines Projektes z. B. das Herstellen von einem Produkt ist, dann gibt es zumindest eine Planung, etwas einzukaufen und schließlich die Herstellung. Das könnte man noch durch eine Inbetriebnahme oder einen Probebetrieb ergänzen.

Im Bauwesen sind allgemeingültige Projektphasen vorgegeben bzw. sind von allen Beteiligten akzeptiert, nämlich die Leistungsphasen aus der HOAI. Das entledigt uns aber nicht von der Aufgabe, uns Gedanken über die Phasen des Projektes zu machen, die im Terminplan darzustellen sind.

In anderen Branchen als dem Bau gilt das nicht und man muss sich darüber klar werden, welche Projektphasen in einem Terminplan abzubilden sind. Ein Projekt besteht normalerweise aus einem Planungsteil – Engineering oder Design –, einem Beschaffungsteil – Procurement, Ausschreibung und Vergabe – und der eigentlichen Ausführung – Manufacturing, Installation. Es kann auch sein, dass nur einzelne dieser Phasen den Inhalt des Projektes bilden.

Im Projektmanagement ist es von ganz erheblicher Bedeutung, dass der Arbeitsumfang des Projektes definiert ist. Der Leistungsumfang und dessen Abgrenzung definiert das Soll, welches im Terminplan abzubilden ist. Das ist für das Projektmanagement ganz essenziell.

2.1.2 Teilprojekte

Ein Projekt kann in verschiedene Teilprojekte oder Bauabschnitte gegliedert sein. Das ist dann in der Struktur des Terminplanes abzubilden.

Die Software bietet heutzutage die Option, Teilprojekte zu definieren. Das kann sinnvoll sein, wenn mehrere Projektmitglieder im Terminplan arbeiten müssen. Es ist aber auch möglich, die Teilprojekte in einer Terminplanungsdatei abzubilden. Dann sollte das Teilprojekt die oberste Gliederungsebene sein. Als dritte Möglichkeit kann man verschiedene Terminplanungsdateien kreieren, für jedes Teilprojekt eine und eine Datei für einen Gesamt-Terminplan.

Der Gesamt-Terminplan muss immer das gesamte Projekt abbilden, um die Übersicht über das Projekt zu behalten. Der Gesamtterminplan braucht nicht die Detailtiefe der Teilprojektterminpläne, aber er muss Sammelvorgänge aus den Teilprojektterminplänen abbilden. Diese Sammelvorgänge bilden im Gesamtterminplan Vorgänge, die durch ihre Abhängigkeiten Auswirkungen auf das Projekt zeigen können (s. Abb. 2.1).

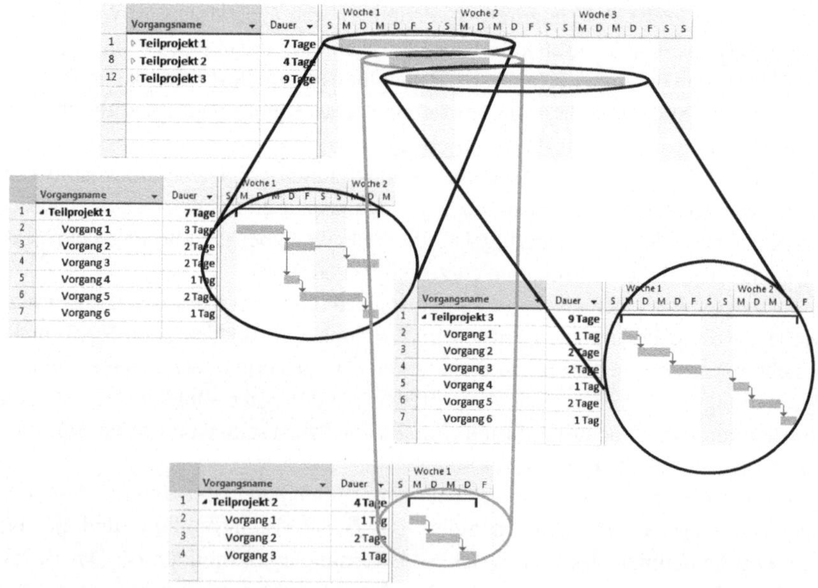

Abb. 2.1 Sammelvorgang im Gesamtterminplan

2.1.3 Teilaufgaben

Die Teilaufgaben beschreiben in grober Form Aufgaben, die zur Erfüllung des Projektzieles notwendig sind. Eine Teilaufgabe kann noch kein Vorgang im Terminplan sein. Eine Teilaufgabe wäre in etwa mit einem Hauptgewerk zu beschreiben. Beispiele für Hauptgewerke wären in der Baubranche die Rohbau-, Fassaden- oder Haustechnikarbeiten.

Die Teilaufgaben könnten jedoch in einem Übersichts-Terminplan eine grobe Übersicht über das Projekt geben, aber steuern könnte man mit einem Übersichtsterminplan nicht. Es ist sinnvoll, Teilaufgaben als Sammelvorgänge im Terminplan darzustellen.

Zusammenfassung

Die Struktur ist vor der eigentlichen Terminplanung festzulegen. Wenn kein Projektstrukturplan die Struktur bestimmt, ist vor dem Arbeiten in der Terminplanungssoftware mit Hilfe von Phasen, Teilprojekten und Teilaufgaben eine Struktur zu entwickeln.

2.2 Definition von Vorgängen

2.2.1 Arbeitspaket

Das Arbeitspaket beschreibt eine Leistung, welche ein Verantwortlicher zu erbringen hat. Ein Arbeitspaket entsteht im Projektmanagement durch die Definition eines Projektstrukturplanes (PSP) (oder auch „Work-Breakdown-Structure" (WBS)). Das Projektmanagement zerlegt die Aufgabe des Projektes soweit in Einzelteile, bis für jede Aufgabe ein Spezialist gefunden ist, der die Aufgabe abarbeiten kann. Dann ist ein Arbeitspaket in Arbeitsschritte aufzuteilen, die als Vorgänge im Terminplan abzubilden sind.

Bei Bauprojekten lassen sich leicht Arbeitspakete definieren. Die einzelnen Gewerke haben selbsterklärende Namen und sind so den Leistungen zuzuordnen. Der Maler zum Beispiel übernimmt die Malerarbeiten. Damit hat man aber noch keinen Vorgang, der in den Terminplan aufgenommen werden kann, weil es in den meisten Fällen zu grob wäre. Die Leistung Malerarbeiten ist noch auf die verschiedenen Bereiche des Bauprojektes aufzuteilen, wie z. B. Stockwerke, Räume, Decken, Wände, usw.

Der Detaillierungsgrad ist sinnvoll zu wählen, weder zu lang und noch zu kurz.

Was wäre zu lang? Zu lang wäre eine Dauer für einen Vorgang, wenn sich der Vorgang über die halbe Projektdauer erstrecken würde. Dann wäre in vielen Berichtszeiträumen der Terminkontrolle nur ein ganz geringfügiger Fortschritt zu verzeichnen. Eine Änderung im Status des Vorganges wäre kaum messbar. Hier stellt sich die Frage nach der Kontrollierbarkeit. Auch wenn ein bestimmtes Arbeitspaket eine sehr lange Dauer hat, sollte es mit eindeutig kontrollierbaren Zwischenschritten im Terminplan abgebildet werden.

Zu kurz kann eine Dauer eigentlich nicht sein. Man muss nur aufpassen, dass nicht des Guten zu viel getan wird, weil jeder Vorgang im Terminplan auch kontrolliert werden muss. Jeder Handgriff sollte also nicht im Terminplan dargestellt sein. Ein Anhaltspunkt für eine Mindestdauer kann der Berichtszeitraum geben: Eine Dauer wäre zu kurz, wenn sie kürzer als der Berichtszeitraum der Terminkontrolle ist. Bei einem Verzug könnte z. B. nur noch festgestellt werden, dass der Vorgang zu spät geendet oder noch gar nicht begonnen hat. Der Vorgang sollte also eine Dauer haben, die es den Projektbeteiligten erlaubt Einfluss zu nehmen. Es wäre dann noch möglich z. B. Beschleunigungsmaßnahmen einzuleiten oder die Arbeitsabläufe umzuorganisieren, damit eine negative Auswirkung auf den Nachfolger unterbleibt.

Außerdem muss der Terminplan handhabbar bzw. praktikabel bleiben. Es nützt nichts, wenn die einzelnen Vorgänge im Terminplan sehr detailliert dargestellt sind, aber dadurch eine Fülle von Vorgängen zu jeder Terminkontrolle zu aktualisieren sind, sodass der Arbeitsaufwand nicht mehr zu bewältigen ist. Dann würde die Terminkontrolle unterbleiben oder nur noch teilweise erfolgen und durch „gut gewollt, aber schlecht gemacht" würde die Terminplanung vernachlässigt und schließlich der Projekterfolg gefährdet. Es ist schwierig, für die Dauer von einzelnen Vorgängen eine allgemeingültige Regel aufzustellen.

In jeder Branche existieren Aufwandswerte für die Kalkulation von reinen Tätigkeitszeiten. Diese Aufwandswerte können nicht zur Berechnung von Dauern im Terminplan verwendet werden, weil sie keine Nebentätigkeiten enthalten, wie z. B. Wartezeiten oder Dauern für Transporte. Die Aufwandswerte, die sich in verschiedenen Tabellenwerken finden, sind nur dann für die Terminplanung zu verwenden, wenn für eigenes Personal Termine zu kalkulieren sind. Wenn aber Nachunternehmer diese Leistungsinhalte übernehmen, können sie nicht verwendet werden, weil eben der Nachunternehmer den Personaleinsatz und die anzuwendenden Hilfsmittel auswählt und kalkuliert. Sie liegen in seinem Verantwortungsbereich.

Die Aktivitäten in einer aktuellen Projektphase sind genau zu detaillieren. Solche Aktivitäten jedoch, die erst in einer späten Projektphase starten, müssen noch nicht genau detailliert sein. Sie können auch als Teilaufgaben geplant sein.

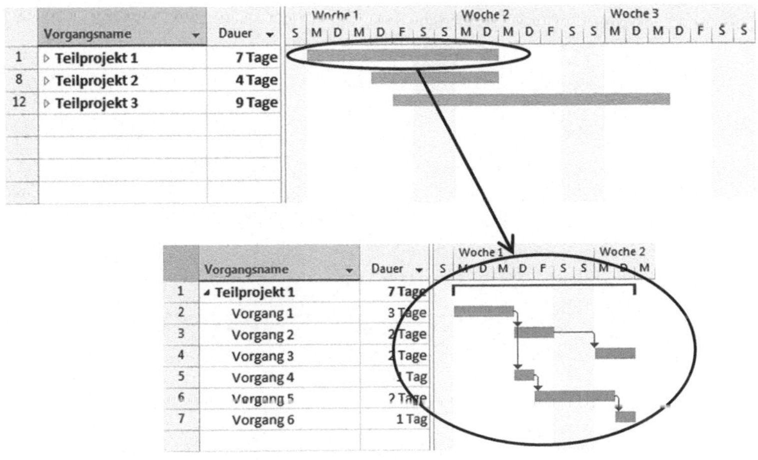

Abb. 2.2 Generell ist vom Groben ins Feine zu planen

Das heißt, für Vorgänge in der entfernten Zukunft reicht eine grobe Planung aus, wohingegen Vorgänge mit einem baldigen Start genau geplant sein müssen. Der Detaillierungsgrad in einer späteren Projektphase kann geringer sein als jener in den bald anstehenden Projektphasen (s. Abb. 2.2).

2.2.2 Meilenstein

Der Meilenstein ist definiert durch die Dauer gleich Null. Er ist ein Vorgang ohne Dauer. Ein Meilenstein ist einzuplanen, wenn ein Ereignis von besonderer Bedeutung im Terminplan darzustellen ist. Das kann z. B. ein Vertrags- oder ein Liefertermin sein. Die Vertragstermine, also die Termine, die explizit im Vertrag genannt sind, müssen im Terminplan abgebildet sein. Sie sind meist auch die Meilensteine, auf die alle Verknüpfungen zulaufen und die wichtige Zwischentermine und den Endtermin definieren.

Sehr wichtig und für den Erfolg des Projektes unbedingt nötig ist es, In- und Output-Meilensteine im Terminplan darzustellen. Die Erfahrung zeigt, dass viele Störungen durch fehlende oder zu späte Vorleistungen entstehen.

So müssen z. B. in der Schienenfahrzeugtechnik für das Design eines Drehgestells zu einem bestimmten Zeitpunkt die Daten der Strecke, auf der der Zug zukünftig fahren soll, zur Verfügung stehen, damit diese Eingang in das

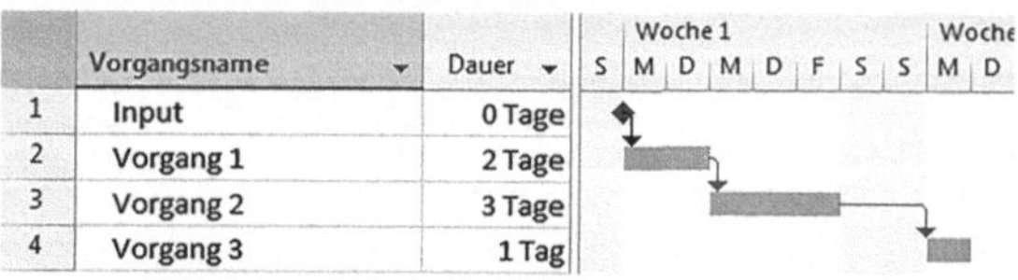

Abb. 2.3 Input-Meilenstein

Abb. 2.4 Output-Meilenstein

Design des Drehgestells finden können. Zur Definition eines Input-Meilensteines (s. Abb. 2.3) empfiehlt es sich, zur Hilfestellung immer die Frage zu stellen, wann brauchen wir was?

Ein Beispiel für einen Output-Meilenstein (s. Abb. 2.4) in der Baubranche ist das Bereitstellen der Schal- und Bewehrungspläne durch den Statiker, damit die Baufirma den Bewehrungsstahl bestellen kann.

Hier ist immer die Frage zu stellen, wann muss was fertig sein?

Weitere Beispiele für Meilensteine aus der Baubranche wären:

- Beginn Projektentwicklung,
- Entscheidung und Planungsauftrag,
- Baueingabe, Baugenehmigung,
- Fertigstellung Rohbau, Abbau Kran, wetterfeste Gebäudehülle, Beginn Baubeheizung, „Licht an",
- Baufertigstellung, Beginn Abnahme-/Übergabephase und Nutzungsbeginn.

2.2.3 Sammelvorgang

Der Sammelvorgang fasst eine Anzahl von Vorgängen zusammen; bildlich gesprochen wie eine Klammer. Das ist vergleichbar mit einem Absatz in einem Text. Der Hintergrund ist in beiden Fällen derselbe. Im Text soll der Absatz einen Gedanken abgrenzen und in der Terminplanung soll der Sammelvorgang einen zusammengehörigen Terminablauf abstecken. Das dient in beiden Fällen der Übersichtlichkeit.

Eine Teilaufgabe ist ein Beispiel für einen Sammelvorgang. Der Rohbau kann sich im Terminplan aus Vorgängen für Schalung und Bewehrung zusammensetzen.

In der Terminplanung hat dies auch noch den Nebeneffekt, dass durch den Sammelvorgang die Planung vereinfacht wird. Man muss komplizierte Terminabläufe nicht in einem planen, sondern man kann Teilnetze (oder einen „Terminast") entwerfen und diese dann miteinander verknüpfen.

Im Kapitel „Struktur" haben wir schon gesehen, dass der Sammelvorgang eine Struktur abbilden kann. Die Sammelvorgänge sind wichtig, wenn aus verschiedenen Terminplänen Informationen in einen Übersichtsterminplan zusammenzutragen sind. Dann bilden die Sammelvorgänge in den Detailterminplänen die Vorgänge ab, die im Übersichtsterminplan als normaler Vorgang erscheinen.

Es ist jedoch nicht zwingend erforderlich, Sammelvorgänge zu verwenden. Ein Terminplan funktioniert auch ohne sie.

2.2.4 Vorgang im Terminplan

Das Arbeiten mit der Software beginnt damit, dass die einzelnen Vorgänge, die eine Leistung beschreiben, in die Terminplanungsdatei eingegeben werden. Das funktioniert mit den gängigen Terminplanungsprogrammen auf eine ähnliche Art und Weise (s. Abb. 2.5).

Im Tabellenteil auf der linken Seite, ist der Vorgang zu benennen. In der Spalte „Vorgangsname" ist der Inhalt des Vorgangs zu beschreiben. Das sollte selbsterklärend sein. Die englische Bezeichnung für den einzelnen Vorgang „activity" weist deutlich darauf hin, dass hier die eigentliche Aktivität zu beschreiben ist.

	Vorgangsname	Dauer	Anfang	Ende	Vorgänger	Woche 1
1	Schalung aufstellen	1 Tag?	10.10.2016	10.10.2016		
2	Bewehrung verlegen	1 Tag?	10.10.2016	10.10.2016		
3	betonieren	1 Tag?	10.10.2016	10.10.2016		

Abb. 2.5 Vorgangsname

Ein Schlagwort wäre zu wenig, es sollte schon zusätzlich ein Verb die Tätigkeit beschreiben.

Nachdem der Name vergeben ist, folgt der 2. Schritt: Für jeden Vorgang ist eine Dauer festzulegen. In die Spalte „Dauer" ist der entsprechende Wert einzutragen (s. Abb. 2.6). Bei der Software MS Project ist deutlich zu sehen, dass sie nach dem Eingeben des Namens direkt ein Fragezeichen in das Feld der Dauer setzt; sozusagen nach der Dauer fragt. Nach der Eingabe in das entsprechende Feld ist kein Fragezeichen mehr zu sehen, weil die Dauer definiert ist.

Im 3. und letzten Schritt sind die Vorgänge entsprechend den realen Abhängigkeiten zu verknüpfen (siehe Abschn. 2.3.2). Daraufhin berechnet das Terminplanungsprogramm den Start- und Endtermin für die einzelnen Vorgänge. Im Grafikteil rechts (s. Abb. 2.7) ist jetzt ein typischer Terminablauf als Balkenplan zu sehen. Dieser Arbeitsschritt heißt Ablaufplanung.

Ein weit verbreiteter Fehler bei der Erstellung eines Terminplanes besteht darin, den Starttermin eines Vorganges händisch einzugeben, anstatt eine Verknüpfung vorzunehmen. Das Terminplanungsprogramm kann dann zwar auch mittels der Dauer einen Endtermin für den einzelnen Vorgang berechnen, aber der Starttermin wäre festgesetzt und nicht anhand einer Abhängigkeit berechnet. Eine solche Vorgehensweise bildet nur die terminliche Lage von einzelnen Vorgängen ab. Das ist zu vermeiden, wo nur irgend möglich! Ein Terminplan taugt nur dann als Steuerungselement, wenn die einzelnen Vorgänge verschiebbar sind.

	Vorgangsname	Dauer	Anfang	Ende	Vorgänger
1	Schalung aufstellen	4 Tage	10.10.2016	13.10.2016	
2	Bewehrung verlegen	3 Tage	10.10.2016	12.10.2016	
3	betonieren	1 Tag	10.10.2016	10.10.2016	

Abb. 2.6 Vorgangsdauer

	Vorgangsname	Dauer	Anfang	Ende	Vorgänger
1	Schalung aufstellen	4 Tage	10.10.2016	13.10.2016	
2	Bewehrung verlegen	3 Tage	14.10.2016	18.10.2016	1
3	betonieren	1 Tag	19.10.2016	19.10.2016	2

Abb. 2.7 Abhängigkeiten

Einen Termin (Start oder Ende) für einen Vorgang festzusetzen, ist nur erlaubt, wenn im Projekt – und damit im Terminplan – kein Vorgänger vorhanden ist und der Termin von einem Vorgänger oder Ereignis außerhalb des Projektes bestimmt wird. Idealerweise wäre im Terminplan nur der Startmeilenstein ohne Vorgänger und der Endmeilenstein ohne Nachfolger. Alle anderen Vorgänge müssen einen Vorgänger und einen Nachfolger haben!

Zusammenfassung

Die Vorgänge im Terminplan sind die Abbildung der Arbeitspakete. Die Meilensteine zeigen Ereignisse besonderer Bedeutung. Zur Strukturierung dienen die Sammelvorgänge. Die Detaillierung erfolgt vom Groben ins Feine.

2.3   Berechnung der Termine – kritischer Weg (CPM)

CPM steht für „Critical Path Method", übersetzt heißt das: die Kritische-Weg-Methode. Das ist die Berechnungsmethode der Netzplantechnik. Die verwendete Terminplanungssoftware führt sie aus, aber man muss wissen, wie sie funktioniert. Die Software berechnet nach jeder Änderung den Netzplan neu. Als Ergebnis sind die Auswirkungen der Änderungen im Terminplan sofort ablesbar. Näheres ist dazu im Abschn. 3.1.3 „Terminkontrolle" beschrieben.

Die Voraussetzung für das Funktionieren der Berechnung ist ein vollständig verknüpfter Netzplan. Die einzelnen Vorgänge im Terminplan sind also entsprechend ihren Anordnungsbeziehungen zu verknüpfen. Daraus resultiert ein geschlossenes Netz ohne offene Enden. Die Berechnung erzeugt den „kritischen Weg" (oder „längsten Weg") des Projektes. Dieser bestimmt die kürzeste Dauer, in der das Projekt abgeschlossen werden kann. Im Zuge dessen wird jedem Vorgang ein frühester und spätester Termin zugewiesen. Der späteste Termin gibt an, wann ein Vorgang gerade nicht den Fertigstellungstermin verschieben würde.

Man kann es sich auch so vorstellen, dass der kritische Weg die Projektdauer bestimmt, er spannt sozusagen den Netzplan wie einen Regenschirm auf. Verändert sich die Dauer eines Vorgangs auf dem kritischen Weg, dann verändert sich der Fertigstellungstermin analog. Deswegen wird der kritische Weg auch „längster Weg" genannt.

2.3.1 Puffer

Ein weiteres wichtiges Ergebnis der Berechnung des kritischen Weges ist der Puffer. Die Differenz zwischen frühestem und spätestem Start und dem Ende eines jeden Vorgangs des Terminplanes ist der Puffer. Der Puffer zeigt die Zeitdauer an, die sich ein Vorgang verzögern kann, bevor er einen anderen Vorgang oder den Fertigstellungstermin verschiebt.

2.3.2 Vorgangsbeziehungen

Die Vorgangsbeziehung soll die reale Abhängigkeit zwischen Vorgängen darstellen. Sie wird auch Anordnungsbeziehung genannt. Es gibt vier Vorgangsbeziehungen und damit vier verschiedene Möglichkeiten einen Vorgang zu verknüpfen:

Ende zu Anfang – Normalfolge

Die Ende-zu-Anfang-Vorgangsbeziehung (EA) verknüpft das Ende von Vorgang 1 mit dem Anfang von Vorgang 2. Sie ist zu verwenden, wenn die Leistung des Vorgangs 1 komplett abgeschlossen sein muss, bevor die Leistung von Vorgang 2 starten kann (s. Abb. 2.8).

Die Normalfolge sollte so oft wie möglich Anwendung finden. Wie der Name schon sagt, sollte sie die Regel sein und die anderen Verknüpfungsarten die Ausnahme bleiben.

Zusätzlich ist es möglich, einen Abstand einzugeben. Der Abstand ist die Zeitdauer zwischen Ende und Start von Vorgänger und Nachfolger. Bei einer negativen Zeitdauer ergibt sich eine Überlappung. Von einer Überlappung spricht man, wenn der Start des Nachfolgers vor dem Ende des Vorgängers liegt.

Soweit als möglich sind Abstände im Netzplan zu vermeiden. Sie machen den Terminplan unübersichtlich. Es ist besser, Vorgänge für benötigte Abstände zu definieren und im Terminplan darzustellen. Ein häufiges Beispiel für Abstände im Terminplan sind Trocknungszeiten. Sie sind keine Aktivitäten, sondern nur Wartezeiten. Wenn diese nicht als Vorgang dargestellt sind, bleiben sie „unsichtbar" und können zu Irritationen führen.

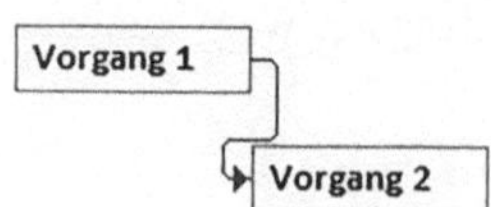

Abb. 2.8 Ende-zu-Anfang-Vorgangsbeziehung (EA)

Abb. 2.9 Anfang-zu-Anfang-Vorgangsbeziehung (AA)

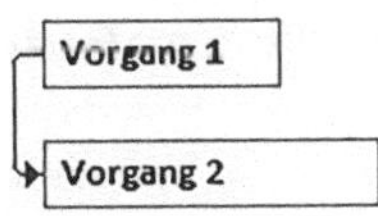

Anfang zu Anfang

Die Anfang-zu-Anfang-Vorgangsbeziehung (AA) verknüpft den Anfang von Vorgang 1 mit dem Anfang von Vorgang 2. Sie ist zu verwenden, wenn die Leistungen der beiden Vorgänge gleichzeitig oder zeitversetzt starten sollen (s. Abb. 2.9).

Die Anfang-zu-Anfang-Vorgangsbeziehung ist sinnvoll einzusetzen, wenn zwei Gewerke parallel arbeiten sollen. Ein Versatz ist einzuplanen, wenn die Leistung von Vorgang 2 eine Vorarbeit von der Leistung von Vorgang 1 benötigt. Des Weiteren sollte das Gewerk von Vorgang 2 langsamer sein als das Gewerk von Vorgang 1. Damit verhindert man ein Auflaufen von der Leistung des Vorgangs 1 auf die Leistung von Vorgang 2 und damit Stillstandzeiten.

Diese Vorgangsbeziehung würde nicht passen, wenn die Leistung von Vorgang 2 schneller als Vorgang 1 wäre. Dann würde die Leistung von Vorgang 2 auf die Leistung von Vorgang 1 auflaufen, wodurch sich Wartezeiten für die Leistung von Vorgang 2 ergeben würden. Für diesen Fall wäre die folgende Verknüpfungsart auszuwählen.

Ende zu Ende

Die Ende-zu-Ende-Vorgangsbeziehung (EE) verknüpft das Ende von Vorgang 1 mit dem Ende von Vorgang 2. Sie ist zu verwenden, wenn die Leistungen der beiden Vorgänge gleichzeitig oder zeitversetzt enden (s. Abb. 2.10).

Die Ende-zu-Ende-Vorgangsbeziehung ist sinnvoll eizusetzen, wenn zwei Gewerke parallel arbeiten und gleichzeitig enden sollen. Ähnlich wie bei der Anfang-zu-Anfang-Beziehung kann die Leistung von Vorgang 2 eine Vorleistung der Leistung von Vorgang 1 benötigen. Weiterhin sollte das Gewerk von Vorgang 2 schneller als das Gewerk von Vorgang 1 sein. Damit verhindert man auch hier ein Auflaufen von der Leistung des Vorgangs 2 auf die Leistung von Vorgang 1 und damit Stillstandzeiten.

Abb. 2.10 Ende-zu-Ende-Vorgangsbeziehung (EE)

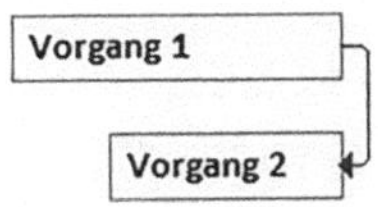

Anfang zu Ende – Sprungfolge

Eigentlich wird hier die Vorgänger-Nachfolger-Beziehung umgedreht. Damit ist diese Verknüpfungsart nicht für eine sinnvolle Terminkontrolle geeignet und sollte deshalb nicht zur Anwendung kommen.

Die Anfang-zu-Ende-Vorgangsbeziehung verknüpft den Anfang des Vorgängers mit dem Ende des Nachfolgers. Sie ist dafür gedacht, den spätesten Start eines Vorgangs zu ermitteln. Diese Vorgangsbeziehung sollte vermieden werden, weil mit ihr der Puffer aufgegeben wird. Jeder Verzug sollte sich direkt auf den Nachfolger auswirken, was aber durch diese Anordnungsbeziehung nicht erfolgt. Durch eine Vergrößerung der Dauer (z. B. ein Verzug) würde sich der Starttermin dieses Vorganges nach vorne und nicht der Endtermin nach hinten verschieben.

2.3.3 Berechnung des Puffers

Zur fehlerfreien Berechnung des Puffers ist es notwendig, dass alle Vorgänge verknüpft sind, d. h. alle Vorgänge benötigen einen Vorgänger und einen Nachfolger. Davon ausgenommen sind nur der Start- und Endtermin des Projektes. Die Berechnung des Puffers erzeugt zwei Arten von Puffern:

Freier Puffer

Der freie Puffer gibt die Dauer an, mit der sich ein Vorgang verschieben oder seine Dauer verlängern lässt, ohne einen anderen Vorgang – seinen Nachfolger – zu beeinflussen. Der betreffende Vorgang hat sozusagen eine Lücke zum Nachfolger. Ohne auf die genaue Berechnungsmethode einzugehen, ist in Abb. 2.11 ein Beispiel zur Erläuterung gezeigt.

In Abb. 2.11 ist zu sehen, dass der Vorgang 2 über einen freien Puffer in Höhe von zwei Tagen verfügt. Man könnte also den Vorgang 2 um zwei Tage

	Vorgangsname	Dauer	Anfang	Ende	Freie Pufferzeit
1	Vorgang 1	6 Tage	23.11.2015	28.11.2015	0 Tage
2	Vorgang 2	4 Tage	29.11.2015	02.12.2015	2 Tage
3	Vorgang 3	4 Tage	24.11.2015	27.11.2015	1 Tag
4	Vorgang 4	4 Tage	05.12.2015	08.12.2015	0 Tage
5	Vorgang 5	7 Tage	23.11.2015	29.11.2015	0 Tage
6	Vorgang 6	5 Tage	30.11.2015	04.12.2015	0 Tage

Abb. 2.11 Freier Puffer

verschieben, ohne dass sich daraus Auswirkung auf den Nachfolger Vorgang 4 und damit das Ende des kleinen Terminplanes ergeben.

Weiterhin hat der Vorgang 3 einen Tag freien Puffer. Man könnte ihn um diesen einen Tag verschieben, ohne dass er seinen Nachfolger Vorgang 2 verschiebt.

Gesamtpuffer

Der Gesamtpuffer oder die gesamte Pufferzeit gibt die Dauer an, um die sich ein Vorgang verschieben oder seine Dauer verlängern lässt, bis er den Endtermin des Terminplanes beeinflusst. Der betreffende Vorgang verschiebt also alle seine Nachfolger so weit, bis schließlich auch der Endtermin oder Fertigstellungstermin verschoben wird. Daraus lässt sich schließen, dass der Gesamtpuffer die Summe der freien Puffer aller seiner Nachfolger ist.

Man kann sich das wie bei einem Güterzug vorstellen, wobei jeder Waggon für einen Vorgang steht und eine Lokomotive an einem Ende anschiebt. Ein Waggon nach dem anderen aneinander stößt und bringt damit die Waggons ins Rollen, bis sich auch der letzte Waggon in Bewegung setzt. Die Wegstrecke, welche die Lokomotive zurücklegen muss, bis der letzte Waggon angestoßen wird, entspricht der gesamten Pufferzeit, dem Gesamtpuffer.

In Abb. 2.12 ist noch einmal das gleiche Beispiel wie beim Freien Puffer gezeigt, aber diesmal auch mit eingeblendetem Gesamtpuffer.

Das Beispiel zeigt, dass der Vorgang 2 über zwei Tage Gesamtpuffer verfügt. Das entspricht dem freien Puffer, weil der Nachfolger der letzte Vorgang in diesem Terminplan ist und sein Ende damit den Endtermin darstellt.

Der Vorgang 3 hat drei Tage Gesamtpuffer, bis er den Endtermin verschiebt. Der Gesamtpuffer von Vorgang 3 setzt sich aus dem freien Puffer in Höhe von einem Tag von Vorgang 3 und dem freien Puffer in Höhe von zwei Tagen von Vorgang 2 zusammen ($1 + 2 = 3$).

	Vorgangsname	Dauer	Anfang	Ende	Freie Pufferzeit	Gesamte Pufferzeit
1	Vorgang 1	6 Tage	23.11.2015	28.11.2015	0 Tage	0 Tage
2	Vorgang 2	4 Tage	29.11.2015	02.12.2015	2 Tage	2 Tage
3	Vorgang 3	4 Tage	24.11.2015	27.11.2015	1 Tag	3 Tage
4	Vorgang 4	4 Tage	05.12.2015	08.12.2015	0 Tage	0 Tage
5	Vorgang 5	7 Tage	23.11.2015	29.11.2015	0 Tage	0 Tage
6	Vorgang 6	5 Tage	30.11.2015	04.12.2015	0 Tage	0 Tage

Abb. 2.12 Gesamtpuffer

Die Vorgänge 5 und 6 hingegen haben keine Lücke zu den Nachfolgern und damit keine freien Puffer und keinen Gesamtpuffer. Jede Veränderung dieser beiden Vorgänge würde direkt den Vorgang 4 beeinträchtigen und damit den Endtermin des Terminplanes verändern.

2.3.4 Kritischer Weg

Der kritische Weg ist über den Gesamtpuffer definiert. Ist der Gesamtpuffer eines Vorganges gleich 0, dann befindet sich der Vorgang auf dem kritischen Weg. Damit ergibt sich als Konsequenz, dass jeder Vorgang auf dem kritischen Weg direkt den Endtermin beeinflusst. Ändert man also die Dauer eines Vorgangs auf dem kritischen Weg, dann verschiebt diese Aktion den Endtermin entsprechend.

In der Praxis kommt es häufiger vor, dass ein Vorgang Verzug hat, also zu spät endet. Wenn dieser Vorgang auf dem kritischen Weg liegt, wird er den Endtermin verschieben und das gesamte Projekt hätte damit Verzug.

Eine weitere Definition für den kritischen Weg lautet: Der kritische Weg ist gleich der längste Weg des Terminplanes. Das lässt sich so erläutern, dass der kritische Weg die Zeitspanne des Terminplanes definiert und damit die Projektdauer angibt. Anders gesagt, spannt der kritische Weg den Terminplan auf. In der Praxis wird es hingegen meist der Fall sein, dass die Projekterfordernisse einen Fertigstellungstermin vorgeben und im Terminplan das Erreichen des Ziels dargelegt ist.

Daraus folgend haben wir ein Instrument in der Hand, mit dem wir ohne viel Aufwand direkt die Dauer des Projektes beeinflussen können. Wenn sich also beim Aufstellen des Terminplanes ergibt, dass die definierten Dauern der einzelnen Vorgänge mit den geplanten Abhängigkeiten eine Projektdauer erzeugen, die länger als die zur Verfügung stehende Gesamtdauer für das Projekt ist (der Terminplan zeigt also einen Endtermin nach dem erforderlichen Fertigstellungstermin), dann müssen nur noch die Vorgänge auf dem kritischen Weg untersucht und angepasst werden, um den Terminplan so umzuplanen, dass der gewünschte Endtermin erreicht wird.

Es sind also nur die Vorgänge mit einem Gesamtpuffer gleich 0 zu betrachten und alle anderen Vorgänge mit einem Gesamtpuffer größer als 0 bleiben außen vor. Das ist mit den gängigen Terminplanungsprogrammen einfach umzusetzen: Man setzt einen entsprechenden Filter und erhält eine Ansicht nur mit den Vorgängen, die umzuplanen sind. So kann man die zu bearbeitenden Vorgänge stark eingrenzen.

Es ist aber zu beachten, dass nach jeder Änderung der kritische Weg einen neuen Verlauf nehmen kann und deswegen nach jeder Änderung zu prüfen ist, ob die eingeblendeten Vorgänge noch auf dem kritischen Weg liegen. Am besten filtert man noch einmal nach dem kritischen Weg – den Vorgängen mit dem Gesamtpuffer gleich 0.

Eine Anmerkung: Wenn die Dauer eines Vorgangs des kritischen Weges verlängert wird, bleibt der Vorgang immer auf dem kritischen Weg. Der kritische Weg ändert sich nicht mit zunehmender Dauer, weil er sowieso schon der längste Weg im Terminplan ist.

2.3.5 Kalender

Für eine sinnvolle Berechnung der Start- und Endtermine eines jeden einzelnen Vorgangs ist es nötig, den Kalender des Terminplanungsprogrammes an die Erfordernisse des Projektes anzupassen. Die Grundeinstellung der Terminplanungssoftware geht meist von einem Arbeitstag mit acht Stunden und einer Arbeitswoche von fünf Tagen aus.

Die Feiertage sind im Kalender nicht von vorneherein festgelegt. Sie unterscheiden sich in Deutschland auch von Bundesland zu Bundesland. Deshalb sollten in dem Kalender des Terminplanes zumindest die Feiertage und arbeitsfreien Zeiten enthalten sein, damit nicht ein Start- oder Endtermin eines Vorganges auf einem Feiertag, also z. B. auf dem 1. Mai oder auf Weihnachten, liegt.

Es kann natürlich auch andersherum sein, dass in bestimmten Montagegewerken z. B. sieben Tage die Woche gearbeitet wird. Auch dann ist der Kalender entsprechend anzupassen. Die gängigen Terminplanungsprogramme erlauben es, mit mehreren Kalendern zu arbeiten. Es ist also möglich, einzelnen Vorgängen des Terminplanes bestimmte Kalender zuzuordnen, so wie es eben die Projekterfordernisse verlangen.

2.3.6 Bedingungen

Bedingungen sind Restriktionen für die Berechnung der Termine der einzelnen Vorgänge. Man kann z. B. einem Vorgang die Bedingung zuweisen, dass er nicht vor einem bestimmten Termin starten soll. Das kann nötig sein, wenn eine Abhängigkeit von außerhalb des Projektes den Starttermin des Vorgangs bestimmt, z. B. bei den oben erwähnten Input-Meilensteinen.

Man kann auch eine Bedingung setzen, wenn der betreffende Vorgang verknüpft ist und einen Vorgänger hat. Bei einer Kann-Bedingung würde die Verknüpfung bei einer Änderung die Berechnung nicht behindern und einen anderen Termin für den Vorgang errechnen – sofern die Bedingung das erlaubt. Das würde bei einer Muss-Bedingung jedoch nicht passieren; mit dieser würde ein Konflikt im Terminplan entstehen. Dieser Konflikt kann aber auch hilfreich sein und man kann ihn absichtlich herbeiführen. Dazu mehr im Kapitel ‚Terminkontrolle'. Hier ist Vorsicht geboten! Manche Terminplanungsprogramme warnen vor einem solchen Konflikt und bieten an, um den Konflikt zu vermeiden, eine Verknüpfung zu entfernen. Das sollte immer unterbleiben, denn wir wollen den Konflikt sehen!

Generell gilt, dass die Termine möglichst nur errechnet und nicht festgesetzt werden sollen. Die Bedingungen dürfen also nur sehr sparsam eingesetzt werden.

2.3.7 Abstimmung

Der Terminplan entsteht normalerweise für ein Projekt innerhalb eines Projektteams. Daher empfiehlt es sich, den Terminplan mit allen Beteiligten abzustimmen. Wenn alle dem Inhalt des Terminplanes zustimmen, ist die Akzeptanz in der darauf folgenden Umsetzung größer. Dies ist wichtig, weil der Terminplan schließlich ein wichtiges Arbeitsinstrument ist.

Um eine Zustimmung einzuholen, ist es hilfreich, eine Abstimmungsrunde durchzuführen. Das kann im Rahmen einer Besprechung oder schriftlich erfolgen. Diesen Vorgang kann man als Harmonisierungsprozess bezeichnen. Die Beteiligten haben in diesem Prozess die Chance, ihre Bedürfnisse einzubringen und sich gegenseitig abzustimmen. Ist das erledigt, kann man von einem harmonisierten Terminplan sprechen. Am Ende dieses Prozesses muss ein freigegebener Terminplan stehen. Wenn alle Beteiligten den Terminplan akzeptiert haben, hat er nicht mehr den Status Entwurf, sondern ist für die Anwendung freigegeben. Anschließend ist der Terminplan bereit zur Veröffentlichung und für alle Beteiligten bindend.

Man sollte sich nicht davor scheuen, einen Bereich im Terminplan zu Beginn weniger stark zu detaillieren. Weitere Detaillierungen oder fehlende Vorgänge können zu einem späteren Zeitpunkt ergänzt werden. Es kommt darauf an, dass der Terminplan einen gangbaren Weg für die Projektabwicklung aufzeigt; sozusagen ein Modell zur Projektabwicklung ist. In den folgenden regelmäßigen Terminplankontrollen können fehlende Vorgänge ergänzt werden oder weitere Detaillierungen erfolgen.

Der Fall, dass im Projektverlauf Änderungen nötig sind, Unvorhergesehenes passiert oder schlicht die Planung anzupassen ist, wird nicht ausbleiben. Dann ist erneut ein Abstimmungsprozess durchzuführen, alle Bedürfnisse der Beteiligten zu harmonisieren und schließlich der Terminplan freizugeben.

Der Terminplan zeigt einen Weg auf, wie die zur Projektabwicklung nötigen Schritte organisiert werden können. Ein Terminplan ist nur ein Modell. Deswegen hat die Erfahrung gezeigt, dass der Terminplan möglichst zügig aufzustellen ist, um schnellstmöglich den Abgleich mit der Wirklichkeit beginnen zu können, die sogenannte Terminkontrolle.

2.3.8 Prüfung

Der Terminplan ist auf die Einhaltung der Grundsätze einer guten Terminplanung hin zu prüfen. Ist der Terminplan handwerklich gut gemacht? Hier ist nicht von der Strukturierung oder der Definition der einzelnen Vorgänge die Rede, sondern der Methode. Die Prüfung des Terminplanes ist zumindest nach folgenden Grundsätzen vorzunehmen:

- Vorgänger und Nachfolger: Sind alle Vorgänge verknüpft? Hat jeder Vorgang einen Vorgänger und einen Nachfolger? Diese Prüfung kann in einem Terminplanungsprogramm einfach durch Filtern erfolgen.
- Ist der Gesamtpuffer nicht zu groß? Auch das lässt sich einfach über eine Filterung prüfen. Wenn z. B. der Gesamtpuffer eines Vorganges die Größe der halben Projektdauer erreicht, dann fehlen sicher Verknüpfungen.

Zum Schluss ist der Basisplan abzuspeichern. Der Basisplan ist der jetzt vorliegende abgestimmte und freigegebene Terminplan, die ursprüngliche Terminlage. Es ist immer sinnvoll, eine Kopie der Terminplanungsdatei abzuspeichern und zu kennzeichnen. Dann steht sie noch zu einem späteren Zeitpunkt zur Verfügung. Das ist wichtig, weil diese Kopie nach Veränderungen im Terminplan immer wieder einen Vergleich mit dem Basisplan erlaubt. Der positive Nebeneffekt ist, es existiert auch noch eine Sicherungskopie.

Zusammenfassung

Jeder Vorgang im Terminplan muss einen Vorgänger und einen Nachfolger haben! Die Verknüpfung muss den realen Abhängigkeiten entsprechen. Durch die Verknüpfungen ist die Berechnung des Netzplanes möglich. Aus der Berechnung des Netzplanes entstehen automatisch Puffer.

Terminkontrolle 3

Die Terminkontrolle ist eine Fortschrittskontrolle. Das Ziel eines jeden Projektes ist es, die geschuldete Leistung in der geforderten Qualität, innerhalb des geplanten Budgets und zum gesetzten Fertigstellungstermin zu erbringen. Die Terminkontrolle dient im Projektverlauf dazu, eine Einschätzung über den zu erwartenden Endtermin abzugeben. Der zu erwartende Endtermin kann von dem geplanten Endtermin abweichen. Keiner kann in die Zukunft sehen, aber mit dem Terminplan bauen wir uns ein Modell, welches zeigt, wie der Weg zum pünktlichen Projektende aussehen kann. Die Terminkontrolle zeigt, ob wir uns noch auf dem Weg befinden oder bereits abgewichen sind.

3.1 Vorgehensweise

Im ersten Teil des Buches haben wir gesehen, was alles getan werden muss, um einen Terminplan aufzustellen. Im zweiten Teil sehen wir, wie wir die Früchte unserer Arbeit ernten können.

3.1.1 Vorbereitung

Der Terminplan ist erstellt, mit allen Beteiligten abgestimmt und freigegeben. Jetzt beginnt die eigentliche Arbeit, die Kontrolle der geplanten Termine. Dazu wird als Erstes eine Vergleichsbasis geschaffen, indem ein Basisplan abgespeichert wird. Das funktioniert z. B. in MS Project ganz einfach: Im Menüpunkt „Projekt" ist unter „Überwachung" schon ein Knopf „Basisplan festlegen" vorgesehen. Mit „OK" bestätigt und schon ist der Basisplan gespeichert.

© Springer Fachmedien Wiesbaden 2016
R. Reppert, *Effiziente Terminplanung von Bauprojekten*, essentials,
DOI 10.1007/978-3-658-13490-7_3

Andere Terminplanungsprogramme erfordern ein anderes Vorgehen, so hat man z. B. in der Software Primavera die Möglichkeit eine beliebige Terminplandatei als Basisplan zu definieren und im aktuellen Terminplan anzeigen zu lassen. Man kann also eine ältere Kopie des Terminplanes als Basis im aktuellen Terminplan einfügen.

Im nächsten Schritt wird das Statusdatum festgelegt. Damit definiert man den Zeitpunkt der Terminkontrolle. Es kann durchaus sein, dass die für den Status angegebenen Daten nicht am selben Tag erhoben wurden, an dem die Terminkontrolle stattfindet. Wenn man also z. B. mit Stand Freitag letzter Woche die Daten für die Terminkontrolle erhält, aber sie erst am Montag darauf in die Terminplanungsdatei eingibt, dann sollte das Statusdatum auf eben diesen Freitag eingestellt werden, damit man einen möglichst genauen Status erhält.

Wenn man jedoch an ein und demselben Tag die Daten erhebt und in den Terminplan eingibt, dann ist keine Anpassung nötig, weil z. B. die Terminplanungsdatei MS Projekt einfach das aktuelle Datum als Statusdatum voraussetzt. Bei der Software Primavera z. B. erfolgt eine Nachfrage, sodass man zu einer Festlegung gezwungen ist.

3.1.2 Fertigstellungsgrad

Der Fertigstellungsgrad bezeichnet den Anteil eines jeden Vorganges, der bereits erledigt bzw. abgeschlossen ist. Es gibt verschiedene Methoden, um den Fertigstellungsgrad zu ermitteln.

Im Projektalltag befindet sich der Terminplaner in verschiedenen Situationen. Es ist möglich, dass er die Daten aus dem Projektteam zugearbeitet bekommt oder er muss die Daten selbst erheben. Wenn der Terminplaner die Daten für die Terminkontrolle selbst erheben muss, folgt daraus eine Fülle von Ansätzen, wie diese Aufgabe zu erledigen ist. Dazu wird nachfolgend eine einfache Hilfestellung gegeben, mit der auch der Anfänger schnell zu einem Ergebnis kommen kann.

Man betrachtet eine Reihe von Vorgängen gleichzeitig und zieht aus der Summe eine Schlussfolgerung auf den Fertigstellungstermin. Es wird eine Art Mittelwert gebildet. Dadurch erzielt man auch durch diese einfache Vorgehensweise ein sinnvolles (richtiges) Ergebnis. Es ist nicht wichtig, die exakte Verzugsdauer festzustellen. Es kommt vielmehr darauf an zu klären, ob überhaupt Verzug und damit ein Problem existiert.

Der Verzug zeigt an, dass eine Leistung verspätet ist. In dem Fall kann es Probleme mit den folgenden Vorgängen geben. Das Wort „Verzug" hat einen negativen Klang und verschreckt manchen Projektbeteiligten aber die Prüfung und auch die

Feststellung von Verzug ist wichtig. Die wiederkehrende Terminkontrolle ist der wichtigste Teil der Terminplanung. Es geht darum festzustellen, ob die geplante Projektabwicklung noch nach Plan läuft und das gesetzte Ziel überhaupt noch erreichbar ist oder Gegenmaßnahmen ergriffen werden müssen.

0 oder 100 %?

Wird festgestellt, dass die Leistung, die in einem Vorgang in unserem Terminplan beschrieben ist, abgeschlossen ist, dann können wir in das Feld „% abgeschlossen" eine 100 eingeben und die Aktualisierung ist erledigt. Wenn das Gegenteil der Fall ist, dann bleibt die Null stehen und die Aktualisierung ist auch erledigt. Es ist jedoch zu beachten, dass der Vorgang mit 0 % Fortschrittsgrad nicht in der Vergangenheit stehen bleiben darf! Eine offene Leistung kann nicht in der Vergangenheit erfüllt werden. Das wäre ein Widerspruch in sich.

Wenn bei einem abgeschlossenen Vorgang die geplanten Termine von den tatsächlichen Anfang- und Endterminen abweichen, ist es möglich, sie händisch einzugeben. Für die Terminplanung ist es jedoch nicht notwendig, weil die abgeschlossenen Vorgänge nicht mehr in die Netzplanberechnung einbezogen werden. Den tatsächlichen Anfang- und Endtermin nennt man auch Ist-Anfang und Ist-Ende.

Zwischen 0 und 100 %?

Komplizierter wird es, wenn die Leistung begonnen wurde, aber noch nicht abgeschlossen ist. Dann ist es oft schwierig, eine exakte Aussage über den tatsächlichen Fertigstellungsgrad bzw. Erfüllungsgrad zu treffen. Einfach hat es derjenige, der von einem Verantwortlichen/Fachprojektleiter über den Erfüllungsgrad in Kenntnis gesetzt wird.

Sofern nicht klar ist, wie hoch der Fertigstellungsgrad ist, hat es sich als hilfreich erwiesen, bei der Abfrage nach dem Status der einzelnen Vorgänge folgendermaßen vorzugehen:

- Hat die Leistung überhaupt begonnen?
- Wenn ja, ist schon die Hälfte erreicht?
- Wenn nein, ist es mehr oder weniger als die Hälfte?
- Wenn weniger, ist ein Viertel erreicht oder wenn mehr, sind Dreiviertel erreicht?

Einen Vorgang in Viertelschritten zu beurteilen, ist schon relativ genau und besser als die fehlende Angabe eines Fertigstellungsgrades. Es muss hier nicht darum gestritten werden, ob nun 20 oder 25 % Fertigstellungsgrad erreicht sind. Es geht um eine Neuplanung der Fertigstellungstermine der betrachteten Vorgänge. Daraus folgt eine Berechnung der folgenden Termine (der Nachfolger). Eine Tendenz reicht aus, da viele Vorgänge gleichzeitig zu betrachten sind und die daraus folgende Berechnung des Netzplanes feststellt, ob der gesamte Terminplan noch im Plan ist oder Verzug ausweist.

Manchmal können die Verantwortlichen nicht genau beziffern, wie hoch der Fertigstellungsgrad der von ihnen betreuten Leistung ist. Dann kann die Frage nach dem zu erwartenden Endtermin helfen. Wird der geplante Endtermin des betreffenden Vorganges erreicht oder nicht? Wenn ja, dann ist der Vorgang als plangemäß zu markieren. Das Terminplanungsprogramm bietet die Möglichkeit einen bestimmten Knopf zu drücken und das Programm aktualisiert den Vorgang entsprechend automatisch. In der Software MS Projekt heißt er „als plangemäß markieren" (s. Abb. 3.1).

Wenn der geplante Endtermin jedoch nicht erreicht wird, dann ist vom Verantwortlichen ein neuer Endtermin zu nennen und der Status oder die Dauer ist entsprechend anzupassen und zwar so, dass der neue Endtermin für den Vorgang im Terminplan angezeigt wird.

Gesetzt dem Fall, dass keine Aussage über einen neuen Termin erhältlich ist, muss zumindest der Anfang des Vorganges oder die verbleibende Dauer in die Zukunft verschoben werden. Dazu stellt die Software MS Project den Knopf „Arbeit neu planen" bereit. Dieser ist leider nicht standardmäßig vorhanden und muss zuerst in eine Ansicht eingefügt werden. Das ist umständlich, aber unbedingt zu empfehlen. In MS Project lassen sich über die „Projekt-Optionen" Symbole für Befehle bearbeiten und der Symbolleiste hinzufügen. Hier gibt es auch ein Knöpfchen für den wichtigen Befehl „Arbeit neu planen" (s. Abb. 3.2).

Der tatsächliche Starttermin ist nicht so interessant, weil die Terminplanungssoftware die Vorgänge bzw. Vorgangsteile, die bereits abgeschlossen sind, nicht mehr in die Terminplanberechnung einbezieht. Wenn jedoch eine genaue

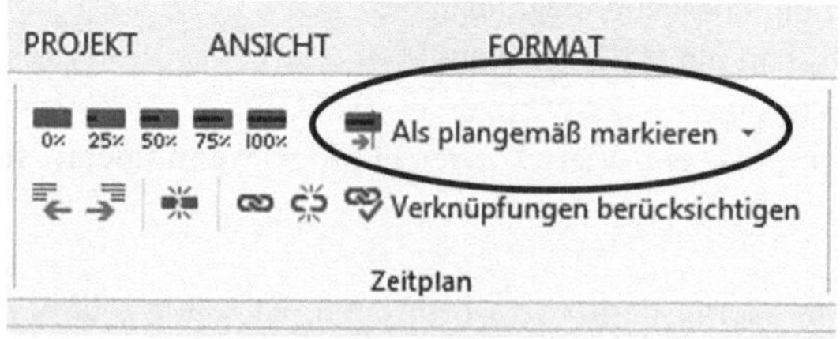

Abb. 3.1 In MS Projekt als „als plangemäß markieren"

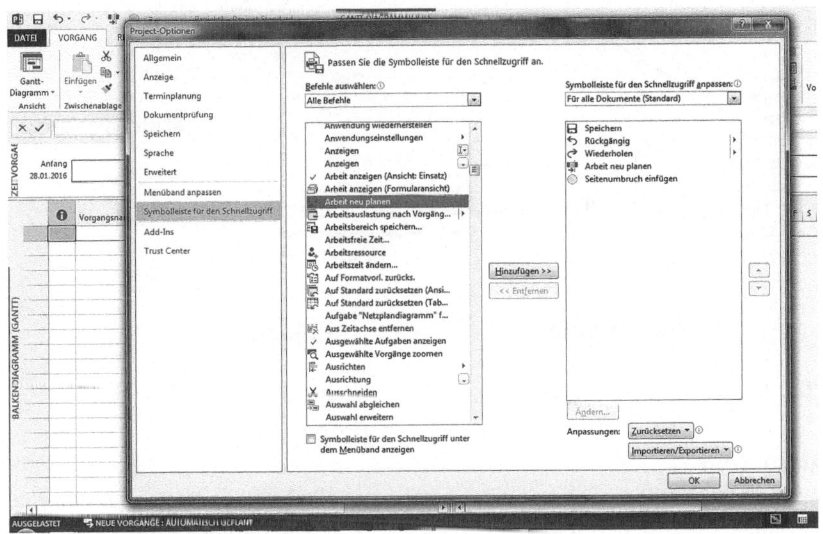

Abb. 3.2 „Arbeit neu planen"

Dokumentation im Terminplan gewünscht ist, kann man den Ist-Anfang händisch eingeben, falls er vom geplanten Anfangstermin abweicht.

Meilenstein

Bei einem Meilenstein geht es einfacher. Hier gibt es nur 0 oder 100 %. Wenn z. B. eine Lieferung zu einem bestimmten Zeitpunkt erfolgt sein muss und der Termin mittels eines Meilensteines im Terminplan abgebildet ist, dann lautet die Frage: Ist die Lieferung da oder nicht? Hier geht es um ein digitales ja oder nein. Manchmal kommt die Aussage, ja, eine Lieferung ist angekommen, aber sie ist nicht vollständig. Dann muss nachgefragt werden, ob mit der tatsächlichen Lieferung weitergearbeitet werden kann oder nicht? Daraus erfolgt der Status erfüllt oder nicht.

Es wäre falsch einen Fertigstellungsgrad zwischen Null und einhundert einzugeben. Das Terminplanungsprogramm mag das vielleicht zulassen, aber die folgende Berechnung des Netzplanes wäre fehlerhaft, wenn der Meilenstein den Status unvollendet hat und in der Vergangenheit stehen bleiben würde. Es ist immer ein neu geplanter oder erwarteter Termin für die gesamte Lieferung einzugeben und damit eine Neuberechnung der folgenden Termine erforderlich.

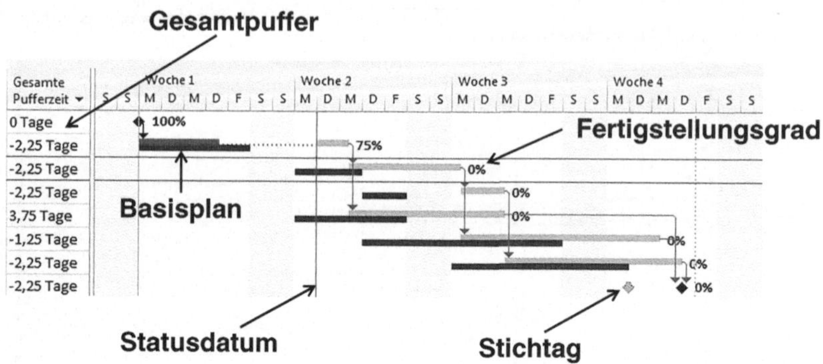

Abb. 3.3 Ansicht Überwachung

Allgemein

Wenn aus der Betrachtung der verspäteten Fertigstellungstermine einzelner Vorgänge und Meilensteine ein Verzug des Gesamtprojektes oder wichtiger Zwischenmeilensteine resultiert, sind Gegenmaßnahmen einzuleiten, um den Projektverlauf wieder auf den geplanten Weg zurückzuführen.

Es sei noch erwähnt, dass die beste Kontrolle über den Status eines Vorganges der Nachfolger ist. Kommt die Information: „ja, die Leistung ist abgeschlossen", dann heißt das, der Nachfolger hat Baufreiheit. Wenn dem nicht so ist, wird sich der Nachfolger schnell melden und die Diskrepanz zwischen dem gemeldeten Status und dem tatsächlichen Zustand ist aufzuklären.

In diesem Zusammenhang hat es sich als sehr effektiv erwiesen, Besprechungen einzuberufen, an denen alle Verantwortliche teilnehmen und der Status für jeden Vorgang in der Besprechung für alle sichtbar in den Terminplan eingegeben wird. Dazu ist eine Ansicht zu kreieren, in welcher der Fertigstellungsgrad, das Statusdatum und der Gesamtpuffer zu sehen sind (s. Abb. 3.3).

In dieser Besprechung sehen die Teilnehmer sofort, ob Vorgänge wie geplant oder verspätet abschließen und damit auch die Konsequenzen (Verzüge). Kleinere Probleme können direkt in der Besprechung gelöst werden. Bei größeren Problemen kann sofort nach der Besprechung das Erarbeiten einer Lösung beginnen.

Grundsätzlich gilt bei einer Stichtagsbetrachtung, dass Vorgänge, die noch nicht begonnen haben, rechts von der roten Linie – also nach dem Statusdatum – liegen müssen. Vorgänge, die bereits begonnen haben, müssen links von der roten Linie liegen. Das ist sehr wichtig, weil durch Änderungen, die sich aus der Terminkontrolle ergeben, eine Neuberechnung des gesamten Terminplanes erfolgen muss. Der Grafikteil des Terminplanungsprogrammes mit der Darstellung der Vorgänge als Balkenplan gibt dafür eine gute Übersicht.

3.1.3 Soll-Ist-Vergleich

Durch das Abspeichern eines Basisplanes am Beginn der Terminkontrolle sind wir jetzt in der Lage, einen Soll-Ist-Vergleich durchzuführen (s. Abb. 3.4).

In der Abb. 3.4 sind für jeden einzelnen Vorgang zwei Balken zu sehen: einer oben und einer unten. Der untere Balken (ohne Verknüpfungslinien) zeigt den Basisplan an. Damit sind die unteren Balken der Terminplan, wie er vor der Terminkontrolle und den eingegebenen Fertigstellungsgraden war. Durch das Eingeben eines Fertigstellungsgrades, welcher zu einer Abweichung zu dem geplanten Start oder Endtermin eines Vorganges führte, ist nach einer Neuberechnung des Terminplanes die obere Terminlage entstanden, welche Abweichungen zu den unteren Balken zeigt.

An dem Beispiel ist gut zu sehen, dass sich durch die Abweichung eines Fertigstellungstermins eines einzelnen Vorganges auch die folgenden Vorgänge verschieben können. Das führt in diesem Fall zu einer zeitlichen Differenz (Delta) zwischen dem geplanten Endtermin und dem neu berechneten. Wenn der neu berechnete Fertigstellungstermin nach dem ursprünglichen Termin liegt, nennt man das einen Verzug.

Wie im Kapitel ‚Terminplanung' angekündigt, hat der Gesamtpuffer hier seinen großen Auftritt: Der Gesamtpuffer zeigt uns nämlich die genaue Höhe des Verzuges an. Dafür muss der Fertigstellungstermin einen Stichtag haben. Das Datum des Stichtags ist der Soll-Termin für das Ende des Projektes. Der Soll-Termin für das Projektende entspricht dem Basistermin des Endmeilensteines (s. Abb. 3.5).

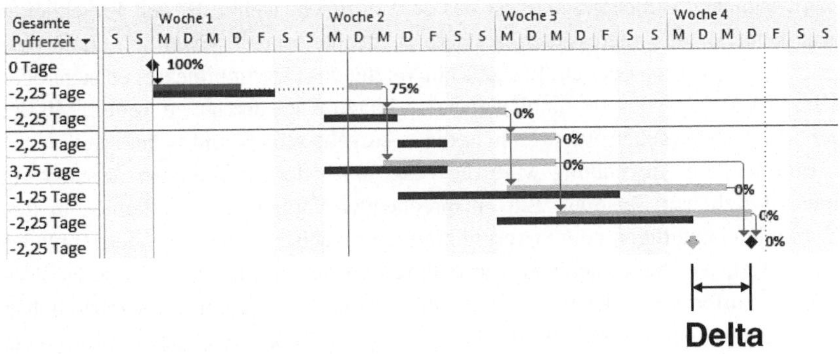

Abb. 3.4 Soll-Ist-Vergleich

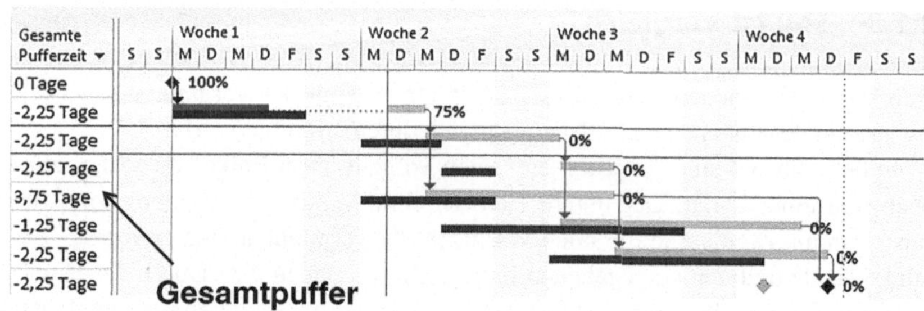

Abb. 3.5 Gesamtpuffer

In einer Ansicht des Terminplanungsprogrammes mit einer Spalte für den Gesamtpuffer ist für jeden einzelnen Vorgang direkt der Gesamtpuffer ablesbar. In diesem Beispiel ist der Endmeilenstein mit einem Stichtag versehen und der bewirkt, dass der Gesamtpuffer bei der Überschreitung dieses Stichtags negativ ausgewiesen wird. Damit können wir ablesen: $-2{,}25$ Tage Gesamtpuffer und schließen daraus: Der Terminplan hat 2,25 Tage Verzug.

Dies ist einer der wichtigsten Aspekte dieses Buches. Wir machen uns deshalb die Mühe, einen Terminplan in der EDV zu planen und mühsam Abhängigkeiten als Verknüpfungen einzugeben, damit wir in der Terminkontrolle eine schnelle Auswertung von Veränderungen erhalten. Das gewissenhafte Aufstellen eines Terminplanes nach der Anleitung im ersten Teil dieses Buches hat den Zweck, ein Instrument in die Hand zu bekommen, welches uns ermöglicht, schnell und effektiv eine Aussage über Abweichungen im Terminplan zu treffen. Damit erhalten wir eine belastbare Prognose über das Projektende.

Im täglichen Projektgeschäft ist das sehr hilfreich, weil z. B. den Projektleiter meist keine Details interessieren, sondern er möchte schnell wissen, ob durch eine bestimmte Änderung oder ein Ereignis ein Verzug des Gesamtprojektes entsteht oder nicht. Die Aufgabe des Terminplaners ist es, hierzu eine Aussage zu treffen. Mit der hier gezeigten Vorgehensweise kann er diese Aufgabe schnell und sicher erfüllen.

Eine weitere Anwendung wäre die Frage nach der terminlichen Auswirkung einer zusätzlichen Leistung. Ein entsprechender Vorgang ist problemlos in den Terminplan einzufügen und zu verknüpfen. Die Neuberechnung des Terminplanes zeigt sofort, welche Verschiebungen dadurch entstehen und ob wichtige Meilensteine betroffen sind oder nicht. Dazu reicht es aus, in der Zeile des zusätzlichen Vorgangs die Spalte „Gesamtpuffer" zu prüfen. Steht dort ein negativer Wert, dann verursacht die zusätzliche Leistung nicht nur eine Verschiebung von einzelnen Vorgängen, sondern einen Verzug von Zwischenterminen oder sogar des Endtermins.

3.1.4 Abweichungen analysieren

Durch die Anwendung der oben beschriebenen Vorgehensweise eines Soll-Ist-Vergleiches entstehen im Terminplan Abweichungen. Das lässt sich nicht vermeiden. Was fängt man nun mit dieser Information an?

Zuerst ist festzustellen, woraus die Abweichungen resultieren. Nachdem der Fertigstellungsgrad für die aktuellen Vorgänge eingetragen ist, kann man mit dem Gesamtpuffer filtern. Der Soll-Ist-Vergleich verrät eine ganze Reihe von Informationen über Vorgänge mit Abweichungen. Dazu noch mal das Beispiel in Abb. 3.6.

Die in der Abb. 3.6 gezeigte kleine Terminkette hat einen Vorgang, der durch die vertikale (meist rote) Linie – das Statusdatum – durchschnitten ist. Er hätte schon abgeschlossen sein müssen aber sein Fertigstellungsgrad erzeugt eine Verschiebung seines Endtermins. Damit verschieben sich die Nachfolger bis zum Ende. Der Fertigstellungstermin ist mit einem Stichtag versehen und dessen Verschiebung erzeugt einen negativen Gesamtpuffer.

Ist der Gesamtpuffer kleiner als Null, liegt eine Abweichung vor, die den Fertigstellungstermin oder einen wichtigen Zwischentermin, der mit Stichtag versehen ist, betrifft. Ein Filter mit dem größten negativen Gesamtpuffer ergibt das Bild von Abb. 3.7.

Durch die Differenz des Ist-Termins zum geplanten Termin des Meilensteins „Ende" wird der negative Gesamtpuffer erzeugt. Der Auslöser dieser Verschiebung ist der aktualisierte Vorgang mit einem geringeren als geplanten Fertigstellungsgrad. Optisch ist das sehr gut durch das Auftrennen des Vorgangs in zwei Hälften hervorgehoben. Der Teil des Vorgangs links von der roten Linie – dem Statusdatum – ist abgeschlossen, aber der Teil rechts noch nicht. Die verbleibende

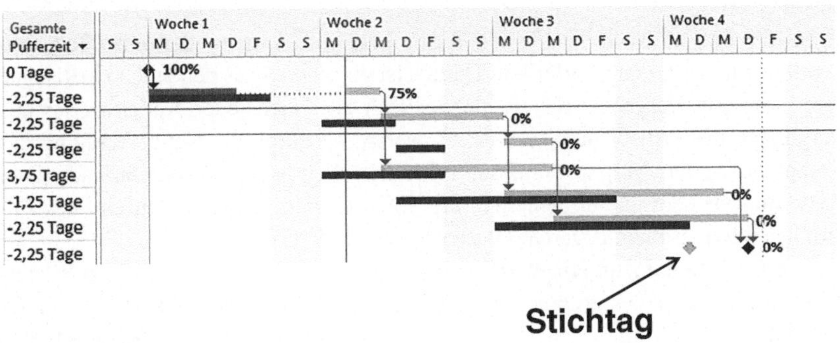

Abb. 3.6 Stichtag

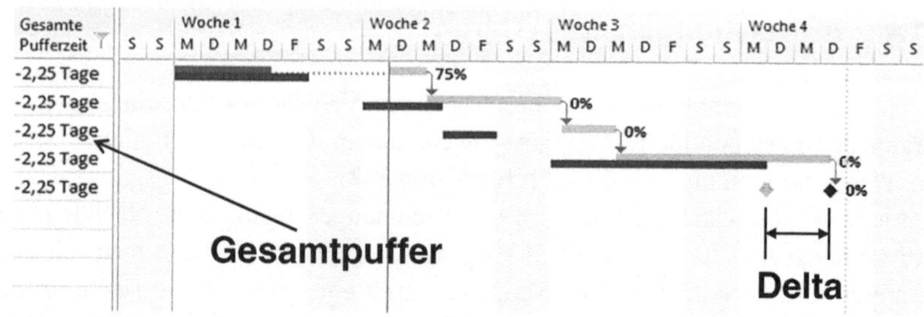

Abb. 3.7 Filter Gesamtpuffer

Abb. 3.8 Geringer negativer Gesamtpuffer

Dauer für diesen Teil der Leistung, die durch den Vorgang beschrieben ist, ist noch zu erbringen. Das kann eben nur in der Zukunft, eben rechts von der roten Linie, geschehen.

Ein wichtiger Hinweis: Nicht nur die Vorgänge mit dem größten negativen Gesamtpuffer – also jene, die auf dem kritischen Weg liegen – lösen Verzug aus, sondern auch diejenigen Vorgänge, die einen geringeren negativen Gesamtpuffer haben (s. Abb. 3.8).

In diesem Fall ist in der kleinen Terminkette ein Vorgang, der einen Tag kleineren negativen Gesamtpuffer hat. Daraus ist zu sehen, dass neben dem kritischen Weg noch ein Vorgang existiert, der kritisch ist. Nach jeder Änderung an den Vorgängen des kritischen Weges ist zu prüfen, ob durch die Neuberechnung des Netzplanes andere Vorgänge auf den kritischen Weg liegen. Das heißt, nach jeder Änderung im Terminplan berechnet die Software den Netzplan neu und das Filtern nach dem größten negativen Puffer ist zu wiederholen.

Die Analyse hat zum einem ergeben, dass der Vorgang mit Verzug den Endtermin um die Dauer des größten negativen Gesamtpuffers verschieben. Zum anderem existiert ein Vorgang mit geringerem negativen Gesamtpuffer. Er würde den Endtermin, jedoch in geringerem Maße, auch verschieben.

3.1.5 Gegenmaßnahmen planen

Durch die Analyse der Abweichungen sind die Auslöser des Verzugs bekannt. Jetzt kann der Terminplan angepasst werden, damit der Endtermin wieder zum ursprünglich geplanten Termin erreicht werden kann. Wie der Terminplan anzupassen ist, dass beschreiben die Gegenmaßnahmen. Eine Gegenmaßnahme bei Verzug ist eine Beschleunigungsmaßnahme. Im Terminplan kann man eine Beschleunigung der betroffenen Vorgänge durch geringere Dauer oder Umorganisieren erreichen.

Als erstes sind die Vorgänge in der Terminkette mit dem größten negativen Gesamtpuffer, also die Vorgänge auf dem kritischen Weg, zu untersuchen. Eine Lösung könnte das Verkürzen der Dauer von einem oder mehreren Vorgängen auf dem kritischen Weg sein.

Eine andere Lösung wäre das Umplanen der Abhängigkeiten, z. B. durch das Überlappen von Vorgängen. Das Überlappen erreicht man entweder durch einen negativen Abstand zum Vorgänger oder durch das Verwenden von Anfang-zu-Anfang- oder Ende-zu-Ende-Vorgangsbeziehungen.

Diese Maßnahmen sind mit allen Beteiligten abzustimmen. Nachdem eine einvernehmliche Lösung gefunden ist, ist diese in den Terminplan einzuarbeiten.

3.1.6 Terminplan anpassen

Das Anpassen des Terminplanes folgt in denselben Schritten wie das Aufstellen des Terminplanes. Die Vorgehensweise kann dabei erheblich verschlankt erfolgen, weil nur noch Änderungen an einigen wenigen Vorgängen vorzunehmen sind. Hier zeigt sich nun, dass der Teil der Terminplanerstellung, also die Terminplanung, nicht lange ausgedehnt werden muss, weil in der Terminkontrolle sowieso ständig eine Überprüfung der getroffen Annahmen erfolgt und eine erforderliche Anpassung im Prozess der Terminkontrolle möglich ist.

Das soll nicht bedeuten, dass die Terminplanung nachlässig erfolgen darf, weil sowieso alle Fehler in der Terminkontrolle korrigiert werden können. Die Terminplanung muss einen sinnvollen und gangbaren Weg zum Erreichen des Projektziels, das Einhalten des geforderten Endtermins, aufzeigen. Die Erfahrung lehrt uns jedoch, dass es wichtig ist, schnell mit der Terminkontrolle zu beginnen, um schon in der Anfangsphase des Projektes Verzüge aufzudecken, die sich sonst schnell zu beträchtlicher Höhe addieren können.

3.2　Terminkontrollbericht

Die nötigen Informationen, die Eingang in einen Terminkontrollbericht finden, liegen nun vor. Sie sind nur noch in Worte zu fassen.

Ein Terminkontrollbericht sollte mindestens folgende Inhalte haben:

- Zusammenfassung
- Terminsituation
- Meilensteintrendanalyse

In der Zusammenfassung muss der Leser mit ein oder zwei Sätzen die wichtigste Information erhalten: „Der Terminplan hat soundso viel Tage Verzug, weil …"

Unter der Überschrift „Terminsituation" ist Raum für eine detaillierte Beschreibung der Situation. Es sind z. B. alle jene Vorgänge zu benennen, die auch Verzug haben. Es können terminkritische Informationen aus den Teilbereichen Erwähnung finden. Am besten folgt man der vertikalen roten Linie im Grafikteil des Terminplanes

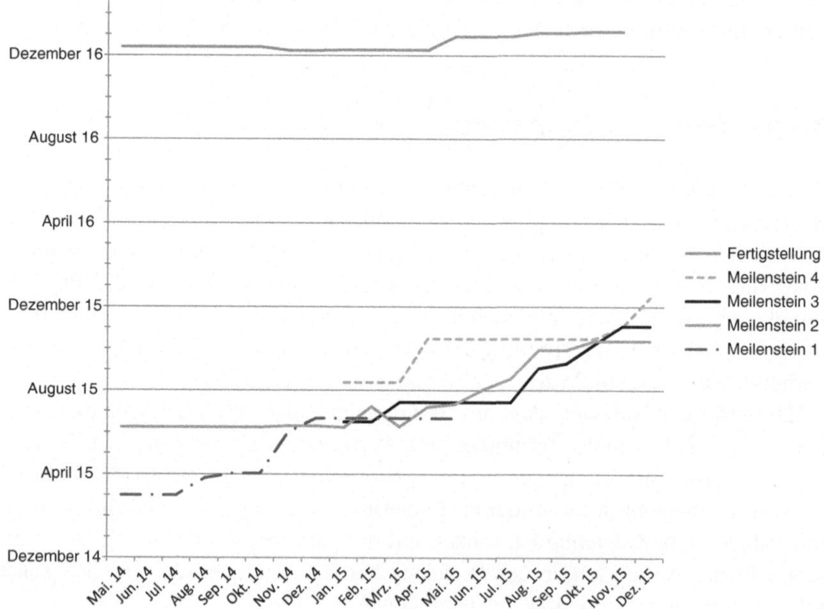

Abb. 3.9 Meilensteintrendanalyse

und spricht alles an, was sich durch die Terminkontrolle geändert hat. Hier kann auch die Beschreibung des kritischen Weges erfolgen; gerne mit Bild. (Ein Bild sagt mehr als tausend Worte.)

Die Meilensteintrendanalyse zeigt die Veränderung von ausgewählten Meilensteinen und deren geplanten Terminen nach den Terminkontrollen im Vergleich zum geplanten Termin. Das kann in einfacher tabellarischer Form oder grafisch erfolgen (s. Abb. 3.9). Die Grafik hat den Vorteil, dass sie wie eine Fieberkurve den Verlauf über mehrere Berichtszeiträume sichtbar macht. Dadurch ist erkennbar, ob z. B. Verzüge zu- oder abnehmen oder ob sie unverändert bleiben. Eine Tendenz ist ablesbar.

Die Bezeichnung des Berichtszeitraumes ist auch ein wichtiger Bestandteil des Terminkontrollberichtes. Sofern der Terminkontrollbericht nicht Teil eines Projektberichtes ist, muss er auch einen Verteiler haben.

3.3   Beispiel

In Abb. 3.10 folgt ein Beispiel, dass verdeutlichen soll, warum es unerlässlich ist, einen Terminplan gewissenhaft zu planen und zu kontrollieren.

Wie in Abb. 3.10 zu sehen ist, handelt es sich um nur zwei Vorgänge mit unterschiedlichen Dauern. Wir befinden uns in der 2. Woche des Miniprojektes, angezeigt durch die vertikale rote Linie. Der Vorgang 1 muss nach Plan bereits begonnen haben und der Vorgang 2 liegt noch in der Zukunft. Allem Anschein nach müsste der Vorgang 1 bereits zur Hälfte fertig sein.

Die Aufgabe lautet, den Vorgang 1 mit 25 % Fortschrittsgrad zu aktualisieren und den Vorgang 2 ebenfalls. Für den Vorgang 1 sieht es deutlich nach Verzug aus, aber der Vorgang 2 beginnt schon früher als geplant. Die Frage ist nun, haben beide Vorgänge zusammen Verzug oder nicht? Lassen Sie sich einen Moment Zeit und versuchen Sie die Frage zu beantworten ohne vorzulesen. Auf den ersten

	Vorgangsname	Dauer	Woche 1	Woche 2	Woche 3	Woche 4
			S S M D M D F	S S M D M D F	S S M D M D F	S S M D M D F S S
1	Vorgang 1	10 T			0%	
2	Vorgang 2	8 T				0%

Abb. 3.10 Beispiel

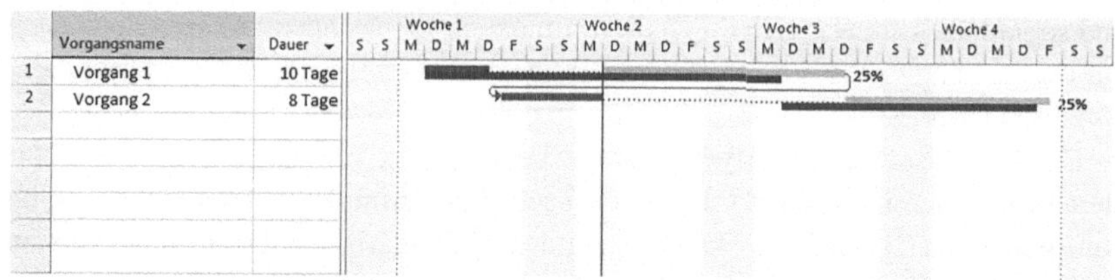

Abb. 3.11 Beispiel aktualisiert

Blick ist die Frage nicht zu beantworten. Es erscheint klar, dass der Verzug von Vorgang 1 durch den vorfristigen Beginn von Vorgang 2 ausgeglichen werden kann, aber ist es auch so? Die Überprüfung liefert das in Abb. 3.11 dargestellte Ergebnis.

Nein, die Annahme trifft nicht zu. Man sieht in Abb. 3.11, dass, nachdem die Fortschrittsgrade eingegeben sind, der vorfristige Beginn von Vorgang 2 zwar den Verzug von Vorgang 1 teilweise auffängt, aber eben nicht vollständig. Die bestehende Verknüpfung verhindert, dass die verbleibende Dauer von Vorgang 2 früher startet. Die geplante Abhängigkeit bleibt erhalten. Damit hat unser Miniprojekt Verzug.

Die wesentliche Erkenntnis ist: Obwohl wir nur zwei Vorgänge vor uns sehen, können wir nicht mit Sicherheit sagen, ob sie unter den gegebenen Umständen insgesamt in Verzug sind oder nicht. Was würde das für einen normalen oder gar anspruchsvollen Terminplan bedeuten? Es ist fast unmöglich, eine annähernd richtige Aussage über den Status des Projektes zu fällen, ohne einen Terminplan, der gewissenhaft erarbeitet und kontrolliert wird.

Die Terminplanung erfüllt nur voll und ganz ihren Zweck, wenn ein Terminplan gewissenhaft geplant und kontrolliert wird. Die EDV gibt uns heutzutage die Möglichkeit, den Terminplan ständig aktuell zu halten und zeigt uns bei jeder Änderung den Projektstatus an.

Zusammenfassung

Die Terminkontrolle muss jede Änderung des Projektes im Terminplan darstellen. Es dürfen keine nicht begonnenen Vorgänge links der roten Line – also vor dem Statusdatum – stehen bleiben und es dürfen keine begonnenen Vorgänge rechts der roten Linie verbleiben. Der Gesamtpuffer zeigt den Verzug an, wenn ein Stichtag für den Endtermin festgelegt ist. Durch die grafische

Darstellung der Basis- und der geplanten Termine sind Abweichungen leicht erkennbar. Die Vorgehensweise in Stichworten:

- Basisplan speichern
- Statusdatum eingeben
- Fertigstellungsgrad für jeden Vorgang eingeben
- Ist-Daten mit Soll-Daten (geplant) vergleichen
- Abweichungen analysieren
- Gegenmaßnahmen planen
- Terminplan anpassen
- Prüfen, dass keine angefangenen Vorgänge nach dem Statusdatum liegen und keine nicht angefangenen Vorgänge vor dem Statusdatum liegen

Weiterführende Anwendungen 4

4.1 Gestörter Bauablauf

Ein Beispiel aus der Praxis verdeutlicht, wie durch eine gute Terminplanung ein deutlicher Mehrwert entsteht. Es kommt oft genug vor, dass Bauprojekte verspätet enden. Dann wird die Frage nach dem *Warum* gestellt. Dabei geht es immer darum, wer die durch die Verspätung entstanden Kosten tragen muss. Das ist im Großen und Ganzen eine juristische Frage. Hier soll nur der Teil verdeutlicht werden, den die Terminplanung zur Klärung beitragen kann. Der Beitrag der Terminplanung ist eine rückwirkende Betrachtung des abgeschlossenen Bauablaufes.

Zu diesem Thema gibt es sehr umfangreiche Ausarbeitungen und gute Fachliteratur. Nachfolgend soll dem interessierten Anwender mit einem einfachen Beispiel der Nutzen eines gut geplanten Terminplanes aufgezeigt werden.

4.1.1 Ausgangsszenario

Ein Projekt hat mit Verzug geendet. Der Verzug wurde durch eine Störung verursacht. Die Auswirkung der Störung soll im Terminplan genauer betrachtet werden. Die Abb. 4.1 zeigt den ursprünglichen Terminplan, so wie er anfangs geplant war.

© Springer Fachmedien Wiesbaden 2016
R. Reppert, *Effiziente Terminplanung von Bauprojekten*, essentials,
DOI 10.1007/978-3-658-13490-7_4

	❶	Vorgangsname	Dauer	
1		Start	0 Tage	
2		Vorgang 1	2 Tage	
3		Vorgang 2	3 Tage	
4		Vorgang 3	1 Tag	
5		Vorgang 4	2 Tage	
6		Vorgang 5	1 Tag	
7		Ende	0 Tage	

Abb. 4.1 Weiterführendes Beispiel

4.1.2   Störung

Mitten im Projekt hat sich eine Störung ereignet. Diese ist in den Terminplan in der Abb. 4.2 als zusätzlicher Vorgang eingefügt und (rot schraffiert) hervorgehoben.

Anschließend wurde die Störung mit dem Vorgang, der von der Störung beeinflusst wurde, verknüpft. Im vorliegenden Fall ist es der Vorgang 3. Er konnte wegen der Störung nicht wie geplant starten (s. Abb. 4.3).

	❶	Vorgangsname	Dauer	
1		Start	0 Tage	
2		Vorgang 1	2 Tage	
3		Vorgang 2	3 Tage	
4	▦	Störung	2 Tage	
5		Vorgang 3	1 Tag	
6		Vorgang 4	2 Tage	
7		Vorgang 5	1 Tag	
8		Ende	0 Tage	

Abb. 4.2 Weiterführendes Beispiel mit Störung

	❶	Vorgangsname	Dauer	
1		Start	0 Tage	
2		Vorgang 1	2 Tage	
3		Vorgang 2	3 Tage	
4	▦	Störung	2 Tage	
5		Vorgang 3	1 Tag	
6		Vorgang 4	2 Tage	
7		Vorgang 5	1 Tag	
8		Ende	0 Tage	

Abb. 4.3 Weiterführendes Beispiel mit Störung verknüpft

	❶	Vorgangsname ▾	Dauer ▾	Woche 1	Woche 2
				S S M D M D F S	S M D M D F S S
1		Start	0 Tage		
2		Vorgang 1	2 Tage		
3		Vorgang 2	3 Tage		
4	▦	Störung	2 Tage		
5		Vorgang 3	1 Tag		
6		Vorgang 4	2 Tage		
7		Vorgang 5	1 Tag		
8		Ende	0 Tage		

Abb. 4.4 Auswirkung

4.1.3 Auswirkung

Durch die Störung hat sich der Endtermin verschoben. Um die Auswirkung deutlich zu machen, blendet man den Basisplan ein. Der Basisplan ist in der Abb. 4.4 als grauer Balken dargestellt.

Hier haben wir nun ein sehr einfaches Beispiel eines „Störungsmodifizierten Bauablaufes". Daraus kann man ablesen, welche Vorgänge die Störung beeinträchtigt hat und dass sie einen Einfluss auf den Endtermin hatte.

4.1.4 Auswertung

In der Zeile der Störung ist links neben dem Vorgangsnamen in der Spalte „Indikator" ein Kästchen zu sehen. Das ist der Hinweis auf eine Einschränkung. Der Starttermin des Vorgangs „Störung" ist festgesetzt. Dadurch ergibt sich die Lage der Störung im Terminplan. Die Störung war nicht geplant und deshalb hat sie auch keinen Vorgänger im Terminplan. Das ist auch am Fehlen eines Basisplanbalkens zu sehen.

Durch die Verschiebung der Nachfolger der Störung gegenüber ihrem Basisplan ist die Veränderung des Terminablaufes leicht erkennbar. Diese Information fließt z. B. in die Bearbeitung eines Nachtrages zum gestörten Bauablauf ein. Die Spezialisten auf dem Gebiet können durch die ermittelte Verlängerung die zusätzlichen Kosten ermitteln. Die Verlängerung der Projektdauer ist aus der Differenz zwischen geplantem und berechnetem Termin für den Endmeilenstein ablesbar.

4.1.5 Schlussfolgerung

Durch die oben beschriebene Anwendung der Terminplanung bei der Ermittlung von Bauzeitverlängerungsansprüchen zeigt sich deutlich, dass ein gewissenhaft ausgearbeiteter Terminplan ein wertvolles Instrument ist. Bei einem komplexeren Terminplan wäre die Vorgehensweise identisch.

Eine solche Betrachtung ist natürlich auch während eines laufenden Projektes möglich.

Zusammenfassung

Ein Terminplan ist auch für weitergehende Anwendungen wichtig, wie z. B. der Darstellung eines störungsmodifizierten Bauablaufes.

Zusammenfassung 5

Der Terminplan soll ein Werkzeug sein, das in der Projektarbeit unterstützt und nicht nur Mehrarbeit erzeugt. Ein Terminplan von guter Qualität bietet die Grundlage für eine effektive Terminkontrolle. Nur mit einer gut durchgeführten Terminkontrolle ist man überhaupt in der Lage eine Aussage über den Status des Projektes treffen zu können. Nur derjenige, der den Status kennt, weiß, ob sein Projekt noch im Termin liegt oder nicht.

Der Terminplaner muss mit den anderen Projektbeteiligten kommunizieren. Die Terminplanerstellung kann nicht isoliert stattfinden. Der Terminplaner muss alle Hinweise und Angaben von den Beteiligten zusammenführen. Bei der Terminkontrolle benötigt der Terminplaner auch die Zuarbeit von den Projektbeteiligten.

Das moderne Arbeitsleben ist geprägt von ständiger Rationalisierung. Termine müssen immer enger geplant werden. „Zeit ist Geld!" Es reicht nicht, eine gute Qualität zu einem günstigen Preis anbieten zu können. Wer nicht auch noch pünktlich liefert, ist nicht konkurrenzfähig. Das betrifft nicht nur Firmen oder Projekte, sondern jeden Einzelnen. Wer jedoch die Grundbegriffe der Terminplanung beherrscht und sicher anwendet, kann in der Arbeitswelt bestehen.

© Springer Fachmedien Wiesbaden 2016
R. Reppert, *Effiziente Terminplanung von Bauprojekten*, essentials,
DOI 10.1007/978-3-658-13490-7_5

Was Sie aus diesem *essential* mitnehmen können

- Grundkenntnisse über das Aufstellen eines Terminplanes
- Wie man einzelne Vorgänge plant und die Berechnung des Terminplans als Netzplan funktioniert
- Die Definition des kritischen Weges und wie man mit ihm arbeiten kann
- Eine effektive Terminkontrolle mithilfe eines Soll-Ist-Vergleichs durchführen
- Kenntnis über die Funktion der Terminplanung in einer Ausarbeitung zum gestörten Bauablauf

© Springer Fachmedien Wiesbaden 2016
R. Reppert, *Effiziente Terminplanung von Bauprojekten*, essentials,
DOI 10.1007/978-3-658-13490-7

Glossar

Ablaufplanung Die Ablaufplanung organisiert die Reihenfolge der einzelnen Vorgänge. Dafür sind die Abhängigkeiten der durch die Vorgänge beschriebenen Arbeitspakete zu identifizieren.

Dauer Die benötigte Zeit für das Abarbeiten eines Arbeitspaketes.

Kritischer Weg Der kritische Weg entsteht durch die Berechnung des Netzplanes. Er ist definiert durch den Gesamtpuffer gleich Null. Das heißt, alle Vorgänge mit einem Gesamtpuffer gleich Null liegen auf dem kritischen Weg. Der kritische Weg bestimmt die Projektdauer, deswegen nennt man ihn auch den „längsten Weg". Durch Veränderungen einzelner Vorgänge auf dem kritischen Weg wird direkt die Projektdauer beeinflusst.

Nachfolger Der Nachfolger beschreibt die Leistung, die auf die betrachtete Leistung folgt. Sobald die aktuelle Leistung abgeschlossen oder soweit fortgeschritten ist, dass die folgende Leistung beginnen kann – dafür also Baufreiheit besteht – kann diese Anordnungsbeziehung mit einer passenden Verknüpfung dargestellt werden. Mit geänderter Blickrichtung, also vom Nachfolger zum aktuellen Vorgang blickend, wäre der aktuelle Vorgang der Vorgänger.

Netzplantechnik Durch das Verknüpfen einzelner Vorgänge mittels Anordnungsbeziehungen entsteht ein Netz. Die Berechnung der Anfangs- und Endtermine der einzelnen Vorgänge unter Berücksichtigung der Abhängigkeiten ergibt in der Summe den Terminplan. Ein weiteres Ergebnis der Berechnung sind die Pufferzeiten.

Puffer Ein Puffer ist ein zeitlicher Spielraum. Durch die Berechnung des Netzplanes entstehen früheste und späteste Anfangs- und Endtermine für die einzelnen Vorgänge. Aus der Differenz sind die Pufferzeiten ablesbar.

© Springer Fachmedien Wiesbaden 2016
R. Reppert, *Effiziente Terminplanung von Bauprojekten*, essentials,
DOI 10.1007/978-3-658-13490-7

Es gibt einen freien Puffer und einen Gesamtpuffer. Diese werden direkt in der Terminplanungssoftware angezeigt.

Soll-Ist-Vergleich Der Vergleich zwischen den Soll- und den Ist-Terminen. Die Soll-Termine entsprechen den geplanten Terminen, so wie sie nach der Erstellung des Terminplanes vorliegen. Die Ist-Termine sind die während der Terminkontrolle aktuell ermittelten Termine. Kommt es während des Projektverlaufes zu Terminabweichungen, können diese mittels des Soll-Ist-Vergleiches deutlich gemacht werden.

Teilnetz Das Teilnetz ist ein in sich abgeschlossener Terminablauf im Terminplan. Es kann zur Beschreibung eines Arbeitspaketes dienen. Das wäre z. B. der Ablauf für den Ausbau in einem Stockwerk, welcher sich in den anderen Stockwerken des Gebäudes wiederholt.

Terminast siehe Teilnetz

Terminplan Ein Terminplan zeigt Ereignisse in ihrer terminlichen Abfolge und Beziehung untereinander. Der Terminplan führt die Ablaufplanung und die Dauerplanung zusammen. Die Berechnung des Terminplanes zeigt die Start- und Endtermine der einzelnen Vorgänge und die Projektdauer an. Der optimierte und verabschiedete Terminplan zeigt die Soll-Termine.

Verknüpfung Die Verknüpfung ist eine Anordnungsbeziehung. Sie zeigt die Beziehung der Vorgänge untereinander an. In der Netzplantechnik sind die Verknüpfungen die Rechenbefehle, wie z. B. „+" und „−" in der Mathematik.

Vorgänger Ein Vorgänger ist derjenige Vorgang, der eine Leistung beschreibt, die der betrachteten vorausgeht. Im Baugewerbe steht dafür der Begriff „Baufreiheit". Die Baufreiheit ist erreicht, wenn die Vorleistung so weit fortgeschritten ist, dass mit der betrachteten Leistung begonnen werden kann. Dementsprechend ist die passende Verknüpfungsart zu wählen.

Vorgang Die einzelne Aktivität im Terminplan. Sie wird in einer Zeile der Terminplanungssoftware beschrieben und üblicherweise als Balken angezeigt. Jeder Balken sagt etwas zum Vorgang aus und das muss mit den Fakten übereinstimmen. Aus der Detaillierung der Arbeitspakete geht der einzelne Vorgang im Terminplan hervor. Der Vorgang beschreibt eine Aktivität mit einem Anfangs- und Endtermin. Der Meilenstein ist eine Sonderform des Vorganges und zeigt ein Ereignis an. Er ist definiert durch die Dauer gleich Null.

Literaturverzeichnis

Klaus Heinlein, Matthias Hilka, Marcus Hilka (1997–2016) Die HOAI im Internet. http://www.hoai.de/online/HOAI_2013/HOAI_2013.php. Zugegriffen: 7. Januar 2016.
Bert Bielefeld (2009) Terminplanung. Birkhäuser, Basel, Boston, Berlin.
GPM/RKW (2001) Wissensspeicher. Lehrgang Projektmanagement.

© Springer Fachmedien Wiesbaden 2016
R. Reppert, *Effiziente Terminplanung von Bauprojekten*, essentials,
DOI 10.1007/978-3-658-13490-7